月季·圣诞玫瑰
的种植秘籍

【日】小山内健 野野口稔 金子明人　著

药草花园 罗舒哲　译

长江出版传媒　湖北科学技术出版社

与达人一起谱写
铁线莲乐章

铁线莲园艺种大约在10年前进入中国，与其他园艺植物不同的是，铁线莲因为本身复杂的分类，以及需要细心呵护、修剪的特性，注定是一种个人化的园艺植物（适合家庭种植，不适合用于大规模绿化），所以它的普及之路与国内家庭园艺的发展路径几乎同轨。

铁线莲充满个性的花色，攀缘的特性，以及千姿百态的造型，迷倒了无数花卉爱好者，以至于现在无论何种水平的花友，家里多多少少都有几株铁线莲，铁线莲也因而得到了一个爱称，叫作"小铁"。另外，铁线莲还有一个特征是需要栽培者付出许多耐心和劳力。也就是说，我们只有付出更多的心血和关注，它才会回报给我们更美的绽放。

从冬季的换盆、追肥，春季的嫩枝牵引绑扎，到初夏花后的修剪整枝，秋季的追肥、促花，再到冬季的修剪，以及对病虫害的快速反应，尤其是防范枯萎病的各种手段，使铁线莲的栽培过程扣人心弦又充满挂念。

为了更好地养护和运用我们手中可爱的"小铁"，"绿手指"继《绿手指玫瑰大师系列》之后，又策划了《绿手指铁线莲达人系列》。本系列丛书共有4本，分别是国内原创图书《铁线莲栽培12月计划》，引进图书《铁线莲栽培入门》《铁线莲完美搭配》《月季·圣诞玫瑰·铁线莲的种植秘籍》。

《铁线莲栽培12月计划》由国内的铁线莲达人米米童（昵称米米）编著，插画师奈奈与七（昵称奈奈）手绘。米米的勤奋与执着，插画师奈奈的灵气和表现力，让这本书充满干货。

本书以时间为轴线，按月介绍不同品种的养护要点，分享来自实践的心得，简明易懂，操作性强。

米米从2010年开始种植铁线莲，8年来尝试过的栽种地点有公寓窗台和花园露台，种植过数百个品种，并坚持在微博上连载她的种植记录，是铁线莲花友中女神级的人物。

我曾与米米有过长期的同群交流经历和短暂的一面之交，无论是在网络还是在现实中，米米对铁线莲和其他植物发自内心的热爱都充满了感染力。同时，作为一个"理科女"，她的探究精神与逻辑性在书中也随处可见。

《铁线莲栽培入门》是日本铁线莲大师及川洋磨的作品。及川洋磨是位于日本岩手县的著名铁线莲苗圃的第二代继承人。他既拥有丰富的铁线莲栽培知识和经验，又在铁线莲的造景运用上独具匠心，是一位极有心得的铁线莲造景师。本书主要介绍了铁线莲基础的养护方法，以及在花园各种场景下的运用、牵引方法和造景要点，对于目前还以盆栽为主的我国铁线莲爱好者来说，是不可多得的参考。

《铁线莲完美搭配》是日本铁线莲大师及川洋磨和金子明人的合作之作，从书名可知，本书同样注重铁线莲的花园运用，只是稍微转换了视角，着眼于介绍各种环境下适宜栽种的铁线莲品种，为篱笆、拱门、塔架、盆栽、窗边等不同的小场景和与草花、玫瑰、月季等其他植物搭配推荐了不同的铁线莲品种，并对它们的习性进行了详细的归纳，堪称铁线莲造景大图鉴。

《月季·圣诞玫瑰·铁线莲的种植秘籍》是小山内健、野野口稔、金子明人三位大师合著的作品。在翻译的过程中，我发现本书中有大量的新概念和实践信息，导致我们的理解和翻译异常辛苦，但也大有收获。

在国外，有把月季、铁线莲、圣诞玫瑰合称为 CCR（Clematis,Christmas rose,Rose）的说法，在英国甚至把 CCR 称为花园三大要素。月季的颜值芳香、铁线莲的立体造型、圣诞玫瑰的冬日色彩，使 CCR 把花园从时间和空间上都打扮得丰富多彩。国外能让 CCR "聚会"的花园不少，但是让 CCR "聚会"的书籍却不多，所以我第一次看到这本书就下定决心要把它介绍给中国的花友。今天它的中文版发行，让我有了梦想成真的欣喜。

最后，我希望有更多的花友通过这套书爱上并种好铁线莲，也祝愿大家在各自的花园里让 CCR 绽放魅力。

说明：书籍中"日本东北地区以西和以南的平原地带"是指日本以关东平原为主的夏季炎热、冬季温暖的地区，大致对应中国黄河以南至长江流域；"日本关东地区以西的平原地带"，气候大致对应中国长江流域。

药草花园

铁线莲'茱莉'

月季玫瑰种植专家 小山内健先生

杂交种圣诞玫瑰

铁线莲种植专家 金子明人先生

月季'龙沙宝石'

圣诞玫瑰种植专家 野野口稔先生

一起来种植受欢迎的
月季、圣诞玫瑰、铁线莲品种吧！

月季、圣诞玫瑰与铁线莲被合称为"CCR"，都是极其受欢迎的植物。月季（Rose）被人们叫作"花之女王"，圣诞玫瑰（Christmas Rose）被称为"冬之贵妇"，铁线莲（Clematis）则是"藤本皇后"。

但凡对植物有兴趣的人，都会想要亲手种植CCR。然而，种植CCR看起来似乎既困难又麻烦，而且花苗的价格也高于其他植物，可能会使人敬而远之。其实，种植CCR绝非难事，而且会带来许许多多的乐趣。正因为如此，CCR才有着数量众多的爱好者。

从本书推荐的CCR中选择一种试着种一种吧！只种植一盆的话相对比较轻松，并且可以在种植的过程中学习种植技巧。

然后再挑战种植三种不同的CCR品种，相信由此可以体会到更多的乐趣。

成功的诀窍是：从行家推荐的品种入手种植。

月季'洛可可'，铁线莲'小鸭'（粉红）、'麦克莱特'（紫）的组合种植。

本书分为四个部分：《Part1 从种植一盆月季开始》《Part2 从种植一盆圣诞玫瑰开始》《Part3 从种植一盆铁线莲开始》《Part4 了解更多月季、圣诞玫瑰和铁线莲的种植方法》，总结了一些新手也能掌握的月季、圣诞玫瑰和铁线莲的种植技巧。

●图鉴页面的查看方法

·图鉴中所介绍的品种来自本书各位作者的强力推荐，即使是新手，也可以学习在花盆中种植。

·书中所推荐的品种不仅容易种植，观赏性也很好。

·图鉴上列出的种植数据主要以日本关东至关西的平原地区为标准。

·不同的植物，图鉴的数据构成有所不同。

图鉴数据的查看方法
［以铁线莲为例］

爱神 ❶

C. 'Aphrodite Elegafumina' ❷

DATA

【修剪方法】新 ❸　【开花习性】平开（斜向上开）❹

【品系】全缘叶系 ❺　【开花期】5—10月 ❻

【枝长】2～2.5m ❼

【花色】具有丝绒感的深紫色 ❽

【花朵直径】10～12cm ❾

品种特征

　　同色系的花瓣与花蕊组成即使在远处也能观赏到的独特姿态。多花，随着生长会不断开花。修剪之后一个月左右便能再次开花，每年可以观赏 3 ～ 4 次花朵的盛放。藤蔓的附着能力较弱，因此不要忘记用扎带固定枝条。 ❿

⓫

❶ 植物的品种名或原种名，本书采用一般通用的名称

❷ 植物的拉丁学名

❸ 新枝开花，旧枝开花或新旧枝开花

❹ 开花习性

❺ 植物的品系，参照 P132 ～ 133

❻ 开花的时期

❼ 地栽时枝条生长的长度

❽ 首茬花的标准花色

❾ 首茬花的大致尺寸

❿ 品种的特征、习性等

⓫ 理想状况下的植物照片，因环境及个体差异可能有所不同

CONTENTS 目录

Part 1
从种植一盆月季开始 / 1

开始种植第一盆月季 ……………………………… 2

先从微型月季入手 ………………………………… 4

成功种植月季的7个法则 ………………………… 6

向新手强烈推荐的7个月季品种 ………………… 9

了解月季的基础知识 …………………………… 12

掌握枝条修剪技巧，轻松种植月季 …………… 14

月季的种植月历 ………………………………… 16

挑选花苗与种植地点 …………………………… 18

了解土壤，培育健康根系 ……………………… 20

花盆是根系小小的家 …………………………… 22

正确施肥，让月季开出美丽的花 ……………… 23

浇水、通风及其他重要的养护工作 …………… 26

花苗的上盆 ……………………………………… 30

四季开花的直立型月季的花后修剪 …………… 32

对长势偏冠的月季进行冬剪矫正 ……………… 34

极其适合盆栽的月季品种 ……………………… 36

藤本月季的牵引 ………………………………… 40

花朵满满盛开的月季品种 ……………………… 42

月季的定植方法 ………………………………… 44

打造抬升式花坛……………………………………46

四季开花的直立型月季的冬季修剪………………48

适合在庭院种植的四季开花的月季品种…………50

值得尝试种植一次的个性蔷薇品种………………54

Part 2
从种植一盆圣诞玫瑰开始 / 57

开始种植第一盆圣诞玫瑰……………………58

充满魅力的圣诞玫瑰…………………………60

种好圣诞玫瑰的 7 个法则…………………62

了解圣诞玫瑰的基础知识……………………64

有茎种与无茎种的特征………………………66

圣诞玫瑰的种植月历…………………………68

安全度夏是种植圣诞玫瑰的关键…………………70

圣诞玫瑰花苗的上盆………………………………72

圣诞玫瑰的移栽……………………………………74

分株以保持植株的活力……………………………76

圣诞玫瑰花苗的地栽………………………………78

其他管理工作………………………………………80

独一无二的圣诞玫瑰园艺杂交品种………………82

个性独特且易于种植的圣诞玫瑰原种、原种系杂交

品种………………………………………………84

Part3
从种植一盆铁线莲开始 / 87

开始种植第一盆铁线莲⋯⋯⋯⋯⋯⋯⋯88

铁线莲栽培的7个法则⋯⋯⋯⋯⋯⋯⋯90

第一次种铁线莲绝对推荐的7个品种⋯⋯⋯⋯92

了解铁线莲的基础知识⋯⋯⋯⋯⋯⋯⋯96

盆栽铁线莲的要点⋯⋯⋯⋯⋯⋯⋯⋯98

掌握修剪、牵引方法，轻松种植铁线莲⋯⋯⋯⋯100

修剪枝条开花的铁线莲的种植月历⋯⋯⋯⋯102

保留枝条开花的铁线莲的种植月历⋯⋯⋯⋯103

开花苗的移栽、修剪及牵引⋯⋯⋯⋯⋯104

开花苗的上盆⋯⋯⋯⋯⋯⋯⋯⋯⋯106

修剪枝条开花的铁线莲的管理方法⋯⋯⋯⋯108

保留枝条开花的铁线莲的管理方法⋯⋯⋯⋯110

种植简单、开花性好、适合盆栽的铁线莲品种⋯⋯⋯112

在庭院中展现魅力的铁线莲⋯⋯⋯⋯⋯114

适合在庭院和栅栏旁种植的铁线莲品种⋯⋯⋯116

适合搭配月季的铁线莲品种⋯⋯⋯⋯⋯118

即使一年只开花一次也想要种植的铁线莲品种⋯⋯120

Part 4
了解更多月季、圣诞玫瑰和铁线莲的种植方法 / 121

月季、圣诞玫瑰和铁线莲的病虫害及对策⋯⋯⋯⋯⋯⋯⋯121

了解更多月季的种植方法⋯⋯⋯⋯⋯⋯⋯⋯⋯⋯126

了解更多圣诞玫瑰的种植方法⋯⋯⋯⋯⋯⋯⋯⋯⋯128

了解更多铁线莲的种植方法⋯⋯⋯⋯⋯⋯⋯⋯⋯130

铁线莲的主要品系与开花方式⋯⋯⋯⋯⋯⋯⋯⋯⋯132

◆ 行家支招 ‥‥‥‥‥‥‥‥‥‥‥‥‥‥‥‥‥‥‥‥‥‥‥‥‥‥‥‥‥‥

绝大部分的月季都可以盆栽‥‥‥‥‥‥‥‥2

扦插苗株型小巧紧凑‥‥‥‥‥‥‥‥‥‥‥4

让藤本月季开出好花的关键‥‥‥‥‥‥‥13

月季的强制休眠‥‥‥‥‥‥‥‥‥‥‥‥14

盆底石的循环利用／花卉培养土的使用注意事项‥‥21

红陶花盆的使用注意事项‥‥‥‥‥‥‥‥22

有机肥与化肥‥‥‥‥‥‥‥‥‥‥‥‥‥23

花后追肥促进下一轮开花‥‥‥‥‥‥‥‥24

增加土壤中有益菌的方法‥‥‥‥‥‥‥‥27

圣诞玫瑰为什么没有品种名？‥‥‥‥‥‥65

旧的有机肥料是霉变的原因／斜纹夜蛾幼虫的防治‥69

有透气缝的控根盆不要放在地上‥‥‥‥‥70

花朵颜色变化的原因‥‥‥‥‥‥‥‥‥‥74

分株、换盆的适宜时期‥‥‥‥‥‥‥‥‥76

二年苗的庭院定植‥‥‥‥‥‥‥‥‥‥‥78

摘除老叶／剪除异味铁筷子的残花‥‥‥‥81

怎么才能全年都有花可赏？‥‥‥‥‥‥‥89

铁线莲的原产地‥‥‥‥‥‥‥‥‥‥‥‥96

铁线莲花苗的选择方法／确认品种的方法‥‥97

栽培细根系的铁线莲时土壤尤为关键‥‥‥98

牵引的方法‥‥‥‥‥‥‥‥‥‥‥‥‥103

为什么重瓣品种开出了单瓣花？‥‥‥‥104

各种铁线莲的栽种和苗期管理都一样‥‥106

回剪的作用‥‥‥‥‥‥‥‥‥‥‥‥‥107

修剪根系后能移栽吗？‥‥‥‥‥‥‥‥108

"8"字形捆扎‥‥‥‥‥‥‥‥‥‥‥‥110

铁线莲的寿命有多长？／有没有带香味的铁线莲？／

铁线莲可以种植在背阴处吗？‥‥‥‥‥124

Part 1

从种植
一盆月季开始

若说无论是谁都想试着种一种的植物，

那非属月季不可。

月季的品种超过 3 万种，

无论哪种都极具魅力，俘获了爱花人士的心。

而且，现代月季中有许多易于种植的品种，

只需最小限度的照料就能开出美丽的花朵。

无论从何处修剪都可以开花的'美咲''葵''友禅'。

使用花盆种植，随时观赏喜爱的月季

盛开时花朵多到几乎可以盖住叶子的'白八女津姬'。姊妹品种粉红色的'八女津姬'以别名'莲花月季'广为人知。

'绿冰'生命力强，枝条伸展性佳，开花性好且花期长。想轻松种植一盆月季时，选择'绿冰'就十分合适。

行家支招

绝大部分的月季都可以盆栽

几乎没有不能盆栽种植的月季，开始种一盆喜欢的月季吧！不过，如果月季的根已经密密麻麻地长满了花盆，根系的活动会变得衰弱，从而导致植株生长迟缓。因此，盆栽时的一个诀窍是，每隔1~2年进行一次换盆。

只要掌握了诀窍
种植月季就十分简单

如果心爱的月季能在自家阳台或是庭院中盛开，哪怕只有一朵，也能让喜爱月季的人深感幸福。种植月季看起来很难，但当你实际上手种植的时候，绝对会惊讶于月季的生命力。

首先，在阳台或庭院里种上一盆月季。盆栽月季适合放置于身边欣赏，让每个人都能体会到个中乐趣。

月季品种众多，几乎都可以盆栽种植。虽然花盆会限制根系的发展，致使植株的规模小于地栽的月季，但月季花朵的美却不受影响。

本书推荐的月季品种与近期培育的新品种，多数都生命力强且易于种植。种植这些月季并亲手培育出美丽的花朵，能获得满满的成就感。

用盆栽月季装点华美庭院

用古典花盆种植的月季'希望'点缀了庭院。

露台上 F&G 月季※品种'葵'的花朵颜色稳重，花瓣边缘有可爱的小波浪，成簇开放的样子宛若花束。

将'帕特·奥斯汀'的枝条牵引到铁质围栏的前方。在阳台或露台上，也能享受有月季相伴的下午茶时光。

藤本月季也可以盆栽

将盆栽的古典玫瑰'伊萨佩雷夫人'牵引成拱形。

※F&G 月季（切花＆庭院系月季）是日本培育出的品种，无论是地栽或是作为切花都十分迷人。

先从微型月季入手

给开花苗换盆能让植株更好地生长。若是正在开花的植株，换盆时注意不要弄散根部土团。开花后应尽早剪除残花，给植株施肥。

微型月季的换盆

事前准备 微型月季的花苗、比原盆大一圈的花盆、培养土、盆底石、专用底肥。如果花盆底的通气孔较大则需使用盆底网。

行家支招

扦插苗株型小巧紧凑

微型月季分为嫁接苗与扦插苗两种。嫁接苗由于嫁接在生长旺盛的野生蔷薇植株上，所以植株可以生长到很大规模。扦插苗由植株原本的根系供养生长，因此植株更为小巧紧凑。如果想种植小型、打理轻松的月季，推荐选择扦插苗。

将微型月季摆放在
显眼处观赏

首次种植月季心里没底的人，不妨从微型月季入手。

微型月季的优点是植株小巧紧凑，无论是阳台还是窗边，即使是在很小的地方都可以种植。而且四季开花性强，只需在花谢后剪除残花，很快就能再次结蕾。花苗的价格也相对低廉。

只要定期施肥，微型月季就可以健康地生长，不会枯萎。

春夏秋三季里购入的开花苗，上盆时，应尽量不打散根部土团。如果是月季休眠期（12月至次年2月）购入的带花苗，则应当打散根部土团后再移栽入新的培养土中。

1 在花盆底部铺入大约 2cm 厚的盆底石，以确保排水良好。

2 加入适量培养土。

3 轻轻地从原盆中取出花苗，注意尽量不要弄散根部土团。

4 将花苗放入花盆中，调整好花苗露出土面的高度，在下方填入培养土。

5 在花苗的周围填入培养土。

6 用手指或其他工具轻轻压实培养土，让根部与培养土紧密接触。

7 加入适量的缓效性肥料，如果是作为底肥专用的肥料，可事先混入培养土中。

8 充分浇水，直到有水从盆底流出为止。

推荐的 微型月季品种

微型月季的魅力源自其小巧紧凑的身姿。我们通常会选择花朵、叶片都小巧可人的品种。

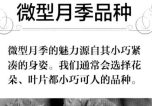

'甜蜜马车'
开花性好，众多的小巧花朵成簇盛放。作为微型月季却难得地带有香味，这也是其魅力所在之处。

'银河'
花瓣的颜色会随着开花时长而逐渐变化。开花时间长，不易枯萎。花刺很少且抗病性强。

'八女津姬'
别名'莲花月季'。十分纤细的枝条上也能孕蕾，花朵繁多到几乎能遮盖住叶片。耐旱性强，但需注意避免高温湿热的情况。

'绿冰'
花朵初绽时微微带粉，随后会逐渐转为薄荷绿。开花时间长，因其匍匐生长的特性，盛开时，花朵像是从花盆中倾泻而出一样。

5

成功种植月季的 7个法则

月季生命力旺盛，

只要掌握以下法则，

就能轻轻松松地种好月季。

法则 1：光照乃重中之重
阳光是月季的营养之源，请将月季种植在日照充足的地方。但是，过度的日照也会影响月季的生长。春秋季每天 6 小时，夏季每天 3 小时的日照已经足够。

法则 2：良好的通风让月季健康成长
很意外的是，很多人不知道这个法则——良好的通风可以避免病虫害的发生。强风或者无风的环境十分不利于月季的生长。特别是在夏季，通风不佳可能会导致病害发生。

法则 3：水是生命之源
给盆栽的月季浇水，不仅仅是为了给植物提供水分，更是为了让肥料随着水到达根系，还能给盆土换气、降温。

法则 4: 生长之本在于土壤

优质的种植土应具备让根系健康生长的条件。如果希望月季茁壮生长,绽放美丽的花朵,那就用心准备种植土吧。

法则 5: 肥料让根系生长粗壮

虽然说不施肥月季也可以生长,但是开出的花朵的观赏性会降低。施肥可以让月季长出粗壮的根系及厚实的叶片,开出美艳的花朵。

法则 6: 月季的生命活动需要适宜的温度

当温度降至 10℃以下时,月季会休眠,而温度过高时,月季的蒸腾作用和光合作用会减弱。当花盆土壤的温度超过 50℃时,月季的根系会死亡。

法则 7: 修剪让月季重焕生机

定期剪除老枝,让新枝生长。通过修剪、牵引、病虫害防治等养护工作,让植株保持在最佳状态。

向新手强烈推荐的7个月季品种

这些品种都可以反复开花且开花性好，

植株健壮，不易发生病害，易于种植。

植株的尺寸与花盆比例也恰到好处，

十分适合新手种植。

Rose Pompadour

'克劳德·莫奈'切花

庞巴度
R. 'Rose Pompadour'

修剪枝
条开花

【开花习性】反复开花

【品系】Sh 灌木月季

【株型】半横张型

【株高·冠幅】1.5m × 1.2m

【花朵直径】10～12cm

【花色】明艳的粉红色

【花香】强香

【花刺】普通

【培育者】2009年 法国 戴尔巴德

品种特征

重重叠叠的花瓣构成明艳的粉色杯形花朵，之后会逐渐变成粉紫色的莲座状。开花性极佳，细枝的前端也能开出压弯枝头的花朵。花香是浓郁的大马士革香与果香。

香织装饰

R.'Kaorikazari'

修剪枝
条开花

【开花习性】四季开花

【品系】HT 杂交茶香月季

【株型】半横张型

【株高·冠幅】1.0m × 1.8m

【花朵直径】8 ~ 10cm

【花色】杏粉色

【花香】强香

【花刺】普通

【培育者】2012 年 日本 庆滋玫瑰农场

品种特征

开花性好，细枝条上也能开出中型或大型花。株型相对紧凑，便于打理。花香是馥郁的大马士革香与果香。可用于制作切花。

Scheherazade

天方夜谭

R.'Scheherazade'

修剪枝
条开花

【开花习性】四季开花

【品系】Sh 灌木月季

【株型】半横张型

【株高·冠幅】1.2m × 0.8m

【花朵直径】7 ~ 8cm

【花色】略带紫色的深粉色

【花香】强香

【花刺】弱（少刺）

【培育者】2013 年 日本 木村卓功

品种特征

花瓣前段呈尖状，神气十足的花朵成簇盛放。初开时花色为深粉色略带紫色，随着花开紫色逐渐加深。开花性佳，即使是细枝上也能孕蕾开花。香味特别，以大马士革香与茶香为基调，并散发出果香。

Kaorikazari

Annapurna

克劳德·莫奈
R. 'Claude Monet'

【开花习性】四季开花

【品系】Sh 灌木月季

【株型】半横张型

【株高·冠幅】1.0m × 0.8m

【花朵直径】8cm

【花色】黄粉相间

【花香】强香

【花刺】强（多刺）

【培育者】2012 年 法国 戴尔巴德

品种特征

　　杏色与粉色条纹交织而成的杯形花朵，绚丽夺目。这个品种耐旱、耐热性强，生长良好，而且开花性极佳。

安纳普尔纳
R. 'Annapurna'

【开花习性】四季开花

【品系】HT 杂交茶香月季

【株型】半横张型

【株高·冠幅】1.0m × 0.8m

【花朵直径】8cm

【花色】白色

【花香】强香

【花刺】普通

【培育者】2000 年 法国 多里厄

品种特征

　　清秀的白色月季。开花性佳，株型可以打理得较为紧凑。浅绿色的叶片搭配着洁白的花朵，气质清爽。花香为白月季特有的浓郁果香。

Claude Monet

夜来香

R. 'Ieraishan'

修剪枝条开花

【开花习性】四季开花

【品系】HT 杂交茶香月季

【株型】半横张型

【株高·冠幅】1.0m × 0.8m

【花朵直径】10cm

【花色】薰衣草色（淡紫色）

【花香】强香

【花刺】弱（少刺）

【培育者】2013 年 日本 青木宏达

品种特征

极具风韵的蓝色系月季。花刺少，芽条的抽枝性好。生长旺盛，抗病性强。

花香怡人，混有柑橘清香的典雅花香是该品种的一大特色。

Ieraishan

Munstead Wood

曼斯特德·伍德

R. 'Munstead Wood'

修剪枝条开花

【开花习性】四季开花

【品系】Sh 灌木月季

【株型】半横张型

【株高·冠幅】0.9m × 0.7m

【花朵直径】8 ～ 10cm

【花色】深红色

【花香】强香

【花刺】强（多刺）

【培育者】2007 年 英国 大卫·奥斯汀

品种特征

花色为富有韵味与魅惑感的红色。英国月季中较矮的灌木品种。开花性佳，较为纤细的枝条上也能开花，花朵压弯枝头的姿态极具风情。具有可与月季'王子'比肩的馥郁花香。

月季花的构造

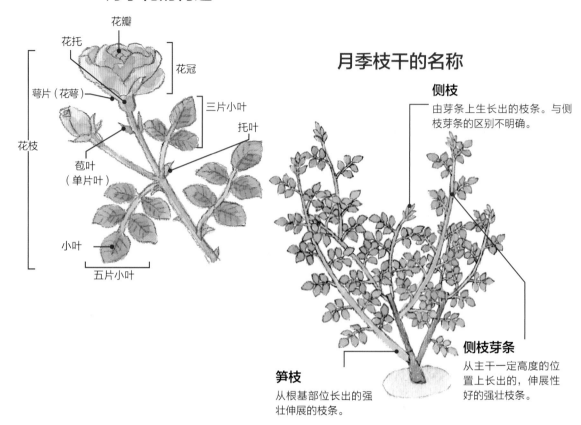

花瓣
花托
花冠
萼片（花萼）
三片小叶
托叶
花枝
苞叶
（单片叶）
小叶
五片小叶

月季枝干的名称

侧枝
由芽条上生长出的枝条。与侧枝芽条的区别不明确。

侧枝芽条
从主干一定高度的位置上长出的，伸展性好的强壮枝条。

笋枝
从根基部位长出的强壮伸展的枝条。

【DATA】月季	
学名：*Rosa*	植株高度：0.2 ~ 10m（依品种而定）
花色：红色、桃色、紫色、黄色、杏色、白色及其他颜色	原产地：北半球
	适生地区：中国大部分地区
分类：蔷薇科 蔷薇属 主要为落叶灌木	开花时期：4—10月（依品种而定）

认识月季、玫瑰和蔷薇家族

　　月季、玫瑰和蔷薇家族多分布于北半球，共有150余个原种，多为灌木或者藤本，通常只开一季花。通过与中国的杂交品种——四季开花的直立型月季，以及日本原产的蔓生蔷薇进行杂交培育，才衍生出了现在的3万多个品种。

　　现代月季分为株型大、四季开花的直立型月季（Bush Type），枝条伸展迅猛的藤本月季（Climbing Type）和介于二者之间的灌木月季（Shrub Type）三个类型。不同类型的月季，栽培方法和观赏方式也各不相同。

　　月季的育种技术日益进步。近年来，抗病力强、在相对恶劣的环境中也能茁壮生长并开花的品种越来越多。

　　不同品种的月季，习性也千差万别。挑选种植的品种时，不能只看花朵美丽与否，应该根据种植的环境来进行选择。

四季开花的直立型月季
（Bush Type）

四季开花性是指植物具有多次结蕾，进行生殖生长（指植物开花繁殖）的特性。**月季孕蕾的时候，枝条会停止生长，需要定期修剪以促进新枝的发育。换言之，如果希望月季开出美丽的花朵，枝条的修剪不可或缺。**

直立型月季包括杂交茶香月季（Hybrid Tea）、丰花月季（Floribunda）、微型月季等品种。

藤本月季
（Climbing Type）

藤本月季在春季开花结束后会开始营养生长（指植物抽枝长叶），芽条（新枝条）会迅速伸展，当年生长出的枝条会在次年开花。**因此，藤本月季的特性是：当年长出的枝条越健壮，次年春天开出的花朵则越繁盛。**

灌木月季
（Shrub Type）

介于直立型月季与藤本月季之间的类型。有些灌木月季品种的特性更接近直立月季，而有些更接近藤本月季，需要依照不同品种的特性进行种植管理。

即使是接近直立型月季的品种，也有可能会生发出很长的芽条。市面上销售的英国月季、戴尔巴德月季中，也有许多灌木月季。

行家支招

让藤本月季开出好花的关键

在冬季休眠期对藤本月季进行牵引，固定好枝条，入春后月季会发更多芽，开花性更佳。枝条少的品种，更要在冬季做好枝条牵引工作。

掌握枝条修剪技巧，轻松种植月季

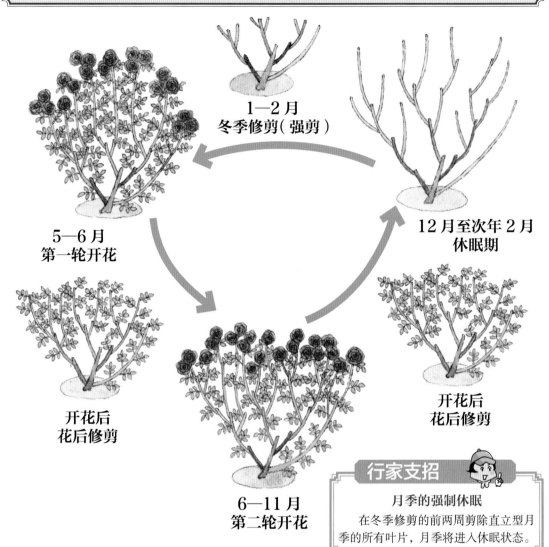

1—2月
冬季修剪（强剪）

12月至次年2月
休眠期

5—6月
第一轮开花

开花后
花后修剪

开花后
花后修剪

6—11月
第二轮开花

行家支招

月季的强制休眠

在冬季修剪的前两周剪除直立型月季的所有叶片，月季将进入休眠状态。

冬季修剪时
干净利落是关键

冬季修剪与枝条牵引当属月季种植过程中最让人伤脑筋的工作之一。新手往往无法很好地判断修剪的位置。不要犹豫不决，大胆地放手剪吧！只要枝条还保留了一定的长度，无论是什么月季都不会枯萎。

冬季修剪的原则如下文所述。

直立型月季与藤本月季共通的修剪原则： ① 保留健壮的芽点。② 将枯枝、老枝从基部剪除。③ 依照花的大小，相对应地回剪到枝条粗细适宜开花的位置（具体参考 P15），不达标准的枝条直接从基部剪除。④ 疏剪拥挤、重叠的枝条。⑤ 一般从朝向外侧的芽点上方剪下。⑥ 修剪至只留下硬实的枝条。

直立型月季的修剪原则： 将植株的枝条全体回剪到一半的长度，或者是将植株修整到及膝的高度。盆栽时，将植株高度修剪为株高与盆高 1:1 的状态。

保留枝条开花的类型

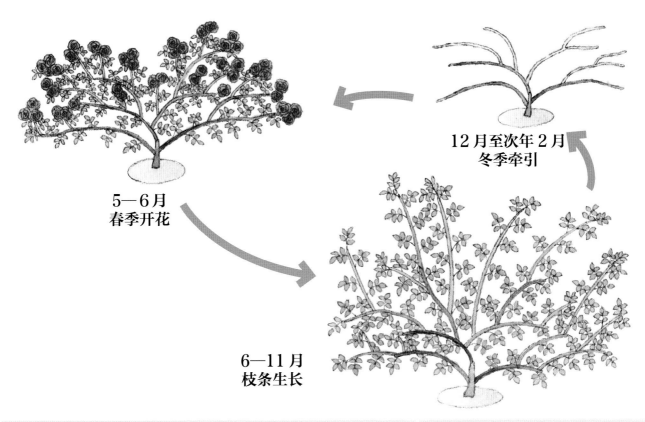

5—6月
春季开花

12月至次年2月
冬季牵引

6—11月
枝条生长

修剪位置的参考标准

大花	中花	小花
铅笔粗细	一次性筷子的粗细	竹签粗细

※ 部分月季品种在纤细的枝条上也会开出较大的花。

枝条壮实与否

不壮实的枝条容易弯折，掰折时也没有清脆的声音。修剪时应剪至枝条壮实的部分。

薄弱的枝条
外皮单薄，容易弯折，芽点抽枝开花情况也不好。

壮实的枝条
外皮厚实，枝条结实，不易弯折。

修枝剪的持握方法

刀刃朝下，剪下不损伤枝条的切口。

枝条的修剪方法

在芽点上方约5mm处剪下。

15

修剪枝条开花的类型（四季开花·反复开花的品种）

1—2月

冬季修剪

可以控制春季开花的月季品种的花期。
→请参考 P34~35、P48~49

12月至次年2月

休眠期

植株的生长和代谢暂时停顿。对根不太友好的时期。

3月

萌芽·生长

3月

追肥·松土

芽点抽枝后应当进行追肥。松土也是重要的养护工作。
→请参考 P23~27

3—11月

病虫害防治

进行间接防治，一旦发生病虫害应尽早进行治疗。
→请参考 P121~122

10—11月

花后修剪

秋季盛开的月季不仅颜色更美，花期也更持久，请尽情欣赏这一季的花朵。
→请参考 P32~33

5—6月

开花·生长

6—9月

盆栽月季施液肥

盆栽时如果使用固体肥料仍然肥力不够，可以施加液体肥料。肥料是否充足可以通过叶片的颜色进行判断。

10—11月

开花

5—6月

花后修剪

尽早剪除残花，恢复植株体力。
→请参考 P23~25、P32~33

9月上旬

夏季修剪·追肥·松土·除草

为了让月季更好地开花，入秋后需要严格执行养护工作。
→请参考 P23~27、P32~33

7月

开花·生长

8月

开花·生长

6月

追肥·松土·除草

追肥时注意把握用量。
→请参考 P23~27

7月

花后修剪·松土·除草·护根覆盖

入夏之后，重要的养护工作也多了起来。
→请参考 P26~27、P32~33

8月

摘蕾

夏季做好摘蕾工作才能让植株保持长势。

保留枝条开花的类型（一季开花的品种）

12月至次年1月

牵引·修剪

这两项工作实施得越充分，
花朵的质量就越高。
→请参考 P40 ~ 41、P127

3月

萌芽·生长

12月至次年2月

休眠期

植株的生命活动基本停止。
对根不太友好的时期。

3月

追肥·松土

芽点抽枝后进行追肥。松
土也是重要的养护作业。
→请参考 P23 ~ 27

3—11月

病虫害防治

进行间接防治，一旦发
生病虫害应尽早进行治
疗。
→请参考 P121 ~ 123

7—11月

保护枝条

枝条长的品种应考虑到台风
等情况，进行初步固定以防
止枝条折损。
→请参考 P127

5—6月

开花·生长

有些品种可以
反复开花。

7—11月

生长

枝条生长。

5—6月

花后修剪

希望结果的品种保留残
花，不要剪除。
→请参考 P26 ~ 27、
P32 ~ 33

6月

**疏剪重叠的密集枝条
枝条·追肥·松土**

单季开花的品种需在开花
后疏剪枝条。
→请参考 P23 ~ 27

'龙沙宝石'。

'龙沙宝石'。

花苗的种类

新苗

每年4—6月上市的一年苗。价格低廉且品种丰富。但花苗小，根系较弱，最好先在花盆中培育一年以养壮植株。

长藤苗

全年有售。因为枝条长，所以很快就能迎来花期。适合希望马上地栽藤本月季的人。

大苗

每年11月至次年3月上市的二年生苗。由于在土壤中得到了充分的培育，所以直立型月季品种的大苗在初夏便可开花。价格略高于新苗。

带花苗（盆栽苗）

可以放心种植的花苗。最好选择开花状况良好，叶片多，枝条粗壮的花苗。

挑选月季品种
与种植场地的要点

　　新手在挑选月季品种时往往只关注花朵，其实花苗是否带花、种植的难易度也是需要考虑的因素。选择时不妨参考本书推荐的品种，或者听听花店员工及园艺师的意见。以"能在自己家的庭院里种植、观赏"为原则进行挑选，便是避免失败的诀窍。

　　挑选花苗的时候，应尽量选择枝干粗壮、嫁接部分口径大的植株，以新鲜、没有存放太久的花苗为佳。较之新苗，大苗种植的难度更低，而带花苗与长藤苗又比大苗更易种植。

　　月季花苗摆放或者种植的场地也相当关键。选择日照充足、通风良好的地方，只要不出现极度干旱的情况，基本上月季都能健康生长。

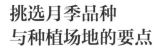

适合种植月季的地方

5 组合种植
组合种植时，较难保证充足的日照与通风，因此建议种植树型月季。

1 房屋的北侧·西侧
此处适宜种植攀爬生长、一年开一次花的藤本月季。如果种植直立型月季，则须设法确保日照充足、通风良好。

4 南侧或东侧的庭院
最适宜种植月季的场地。只要注意通风，避免极度干旱的情况，任何品种的月季都能轻松种植。

2 栅栏与围墙
栅栏适合藤本月季攀爬。围墙下方可以种植四季开花的直立型月季。

3 玄关或开门处
如果此处日照充足、通风良好的话，则适合种植月季。也是盆栽月季的最佳摆放地点。

使用市面销售的培养土

准备好这些，
种植很轻松！

底肥

如果要在培养土中掺入底肥的话，务必要使用专用的底肥。掺入追肥用的肥料或是未腐熟的肥料容易损伤根部。

盆底石

为了保障排水良好，应在花盆底部铺上 2 ~ 3cm 厚的盆底石。不过，如果是生长旺盛的品种或是在日照充足的地方进行种植，并非一定要使用盆底石。

市面销售的专用培养土

使用信赖的园艺师推荐或园艺商店销售的月季专用培养土，不但可以省去自己调配的麻烦，还可以保障月季长势良好。移栽月季前，记得确认培养土中是否已经添加了底肥。

在培养土中掺入底肥

定植月季前在培养土里掺入专用底肥，不但可以在生长初期为月季稳定地提供肥力，促进植株苗壮成长，根系的伸展情况也会更好。

1 将底肥加入培养土中。

2 将培养土与底肥搅拌均匀。

选用优质的培养土
是种植月季的第一步

无论是地栽还是盆栽，土壤都至关重要，所以有"生长之本在于土壤"的说法。 即使种植的环境很适合月季生长，如果土壤条件不佳，月季的根系就无法发育健全，从而导致枝叶生长不良。

使用信赖的园艺师推荐或者园艺商店销售的月季专用培养土，可以不必担心调配失败或是其他问题。

如果自己配制培养土的话，应该尽量确保配好的土壤保肥力好、排水性佳，可以用赤玉土、泥炭（牛粪）、腐叶土等进行混合调配，或是用市面销售的花卉种植土与赤玉土（小粒或中粒）按照 1:1 的比例进行混合，也可以配制出适合种植月季的土壤。

地栽的时候，在种植穴中使用月季专用培养土即可保证月季生长良好。排水不佳的地点，可通过添加 30 ~ 50cm 厚的土壤，改建成抬升式花坛来改善（详细请参考 P46）。

自己配制培养土

为了让月季开花而进行的诸般努力也是月季种植的乐趣之一。根据种植的品种与场地来试试亲手调配培养土吧！首先从基础配方开始，为自家庭院配制一份原创的培养土。

腐叶土 2 份
注意，不同的腐叶土制品成分有所不同。应使用完全腐熟的腐叶土。

小粒赤玉土 6 份
赤玉土是透气性、蓄水性、保肥性都十分优秀的基础用土。注意，如果种植的地方日照条件不佳，可以加入中粒的赤玉土。

其他
加入少量的稻壳炭、牡蛎壳、硅酸盐白土、钙、镁等，可以抑制土壤酸化、预防病害并促进根系发育。

泥炭 2 份
（或用牛粪替代）
以保留一定比例的纤维的泥炭为佳。推荐使用调整过酸碱度的制品。

行家支招

盆底石的循环利用

　　将盆底石装入专用的网中再垫入花盆，便于循环使用。将使用过的盆底石连同网子一起冲洗干净，在日光下晾干即可再次使用。

行家支招

花卉培养土的使用注意事项

　　如果使用市面销售的花卉培养土种植月季，可以在里面加入四五成的小粒赤玉土与少量稻壳炭进行改良。使用前务必要确认购入的培养土中是否已经添加了底肥。

选择适宜的花盆

形状

株高较高的月季推荐使用竖长型的花盆。但不要选择底面过小的花盆。

盆底气孔

应选择盆底开孔大或者有许多小透气孔的竖长型花盆。红陶花盆往往只有一个小气孔，不适合种植月季。

避暑对策
——套盆种植

套盆种植可以大幅度降低盆土的温度。此外，在花盆底部铺上木片或浮石可以有效阻止周边的热度传导入花盆，有利于根系生长。

避免使用
酒盅形花盆

酒盅形花盆（即盆口窄但盆肚大的花盆）难以换盆，因此不适合种植月季。但套盆种植的话，就可以利用这种具有设计感的花盆了。

材质

·塑料花盆

轻便、价格相对低廉，但如果使用土壤的排水性不佳时，容易沤坏植株。因此推荐使用有长条透气缝隙的控根盆或者盆底气孔较大的花盆。

·红陶花盆

推荐选用盆底气孔大或者有许多小透气孔的类型。

·木质花盆

隔热性好，非常适宜月季生长，然而材质容易老化。

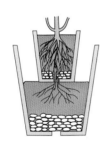

行家支招

红陶花盆的使用注意事项

红陶花盆因质感好一直很受欢迎，但如果一整天都在日照直射下，盆内温度升高容易形成高热环境，因此在夏季高温时期，不要长时间将花盆放置于阳光之下。

选择花盆时
形状与材质至关重要

种植月季时，选择合适的花盆十分关键。

首先，不要选择过大的花盆。换盆时换入比原盆大 2～3 圈的花盆即可。应当选用形状不夸张的竖长型花盆。而口小肚大的花盆，换盆时非常不便，最好避免使用。花盆的材质有红陶、塑料、木头等多种，应该选用透气性好，不会沤伤植物的材质。

其次，由于近年来的地球暖化现象，盆栽时应采取相应的防暑措施。特别是太平洋沿岸的平原地带，夏季昼间温度比以前高。如果盆栽月季一整天都放置在阳光下，花盆内的温度可能会超过 50℃，玫使月季根系受损，因此需要采取套盆等相应的防暑对策。

此外，红陶花盆为陶土材质，在气候寒冷的地方会因为陶土冻结膨胀或是不耐温差变化而损坏，因此不适合在寒冷的地方使用。

花盆是根系小小的家

正确施肥，让月季开出美丽的花

施肥方法

肥料的种类

追肥
3—11月多次追肥。根据缓效性固体肥料的肥效，每隔1～3个月施1次。液肥每周1次，在浇水的时候顺便施加。

底肥（冬肥）
底肥会缓慢分解释放肥力，是月季生命活动的能量来源。常规做法是在定植或移栽时以不损伤根系的方式施加，也可以直接混入土壤中。种植月季时，底肥在定植或移栽换盆的时候施加。

地栽的施肥方法

固体肥料

3月前后追肥1次
萌芽之后

+

6月前后追肥1次
开花后

+

9月前后追肥1次
修剪后

盆栽的施肥方法1

固体肥料 + 液肥

3
—
11
月

追施液肥，出现叶片颜色不正常等肥力不足的征兆时，追施液肥。

+

3月前后追肥1次
萌芽之后

+

6月前后追肥1次
开花后

+

9月前后追肥1次
修剪后

盆栽的施肥方法2

使用液肥追肥

3—11月每周1次

每周定期追施一次液肥。

微型月季这类植株较矮的月季，盆栽时适用此方法。

行家支招

有机肥与化肥

有机肥分为腐熟肥与未腐熟肥两种。骨粉、油渣（豆饼）等是未腐熟肥。未腐熟的堆肥接触到土壤或水之后容易分解。

虽然现在人们对使用化肥心有顾忌，但在容易干燥的夏季，缓效性化肥和液体化肥效果非常好。

种植月季时施肥非常重要
注意避免过度施肥和肥料不足

虽说月季只靠自身的光合作用和水就能成活并开花，但如果施加肥料的话，月季会更加枝繁叶茂，绮丽多姿。在冬天施加底肥或是在花后进行追肥，效果尤佳。

施肥的要点是适时适量。一次性施肥过多会损伤月季植株的根，在月季孕蕾期追肥可以让开出的花朵更加迷人。

肥料分为底肥和追肥，两种肥料的使用目的不同，应当分情况正确使用。

不同种类、不同厂商的肥料的使用量不尽相同，使用之前务必要确认清楚。

施加固体肥料

固体、颗粒状的肥料只需轻轻拌入土中，就会被水、湿气溶解，从而被根系吸收。

1 将适量的肥料分别放置在花盆边缘的 3~4 个地方。

2 将放置好的肥料轻轻与土壤混合。

3 充分浇水。

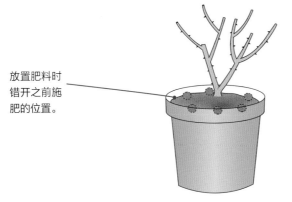

放置肥料时错开之前施肥的位置。

行家支招

花后追肥促进下一轮开花

最近培育上市的月季品种大多开花时间长，可能会导致错过花后施肥的最佳时期。如果月季开花持续时间长，那么应在花朵完全开放之后马上施肥。

除了在花朵完全开放之后马上追施一次液肥之外，也可以在花谢之后追肥。

液肥、植物活力剂的施用方法

液肥与植物活力剂见效很快。施肥时应当用液肥、活力剂浇透盆土，直到液体从盆底流出为止，这样才能保证施肥的效果。

1 在浇水壶中注入水，接着用液肥附带的量杯或计量器量取适量的原液加入浇水壶中。

2 将液肥、活力剂与水充分搅拌均匀。

3 彻底浇透，直到盆底有液体流出，这样才能迅速发挥肥效。

地栽时的施肥方法

庭院里除了月季，往往还种植着其他植物，因此，有时候施肥作业会有点棘手。为了充分发挥肥效，需要用心规划施肥的范围。

1 月季的周围混植了其他植物，后方有围栏。

2 以月季为中心，将植株略微前方的半圆形范围的土壤挖松，注意不要挖到月季的后方。

3 在松好土的地方撒上肥料，将肥料与土壤混合均匀后充分浇水。

围栏等物体附近的施肥方法

在离植株40~50cm处的地方按照半圆周形施肥，如果周围混植了其他植物，可以将肥料分别施加在月季四周的3~4处。

地栽月季的施肥方法

月季的根系在植株周围360°的范围内伸展。为了让肥料充分发挥效用，应在离植株40~50cm处的圆周范围内混入肥料，或者将肥料分别施加在植株周围的3~4处。

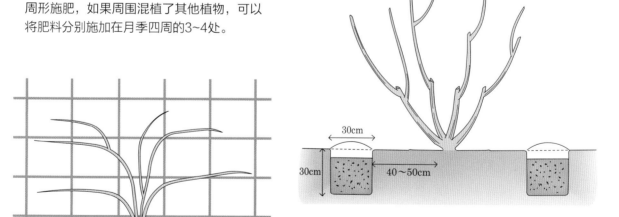

每年更换施肥的地方。

盆栽月季的浇水

大量的水

浇水时应从植株茎干的基部浇下，充分浇透。如果担心水流出来而只浇少量的水，会影响月季的生长。浇水时应选用喷水孔小、水流柔和的浇水壶。

浇透水直到花盆底部有水流出。

浇水的功效

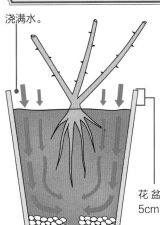

浇满水。

浇水不仅可以给月季补给水分，还可以协助排出花盆中的废旧物质、热量、杂菌，以及根部产生的有机酸，并且导入新鲜空气，让花盆土壤焕然一新。

花盆的上方务必留下 3 ~ 5cm 的空位（浇水位）。

正确浇水与错误浇水

正确的浇水方式

充分浇水，直到花盆全部被水浸透。

错误的浇水方式

浇水不足，水分只能浸透花盆一半的位置。根系无法正常生长发育。

夏季叶面浇水

给叶片浇水不仅可以预防害虫，而且可以给月季降温。天气炎热时给叶片浇水，降温效果立竿见影。

观察月季状态
及时浇水、通风十分重要

盆栽月季浇水应当遵循"一旦盆土表层干了就充分浇水一次"这一原则，这是保证月季健康生长的诀窍。浇水的频率是春秋季早上浇一次，夏季早晚各浇一次，冬季每 3~7 天浇一次。

地栽的月季，从植株定植一直到扎根之前，夏季如果持续 2 ~ 3 日干燥，就需要进行一次充分的浇水。

但是，在水泥墙或者沥青路面这类城市环境中，夜间也可能温度过高，从而导致月季出现中暑现象，长势衰弱。在这类环境中种植月季，需要给周围地面洒水以降低温度。当酷热难耐时，无论是白天还是夜晚，都需要保证充分的水分供给。

盛夏时期给叶面浇水，可以有效抑制红蜘蛛、蓟马、烟粉虱、介壳虫等虫害的发生。一旦发现上述虫害，应当连续进行一周的叶面浇水。此外，适度的通风可以让植物健康地生长，有效防止病虫害的发生。

地栽月季的浇水

在庭院里给月季浇水时需要注意，从土壤上溅起的水珠会将杂菌带到叶片上，从而导致月季生病，因此浇水时应该控制力度。

应当使用喷孔细、水流温和的喷水壶浇水。

专栏 ＊ 月季的根

月季枝叶的生长发育情况与根系的发达程度息息相关。当出现开花数减少，不发新芽，叶片长不大，枝条不生长的情况时，就需要考虑根系等，是否发育不良。

土壤板结，根系过度扩张导致生长空间不足，土壤太干燥导致根系受损，金龟子咬坏了根系这些都是根系发育不良的常见原因。

根据不同的情况采取对应措施，改善根系生长的环境十分重要。

通风、松土、除草等养护工作

无论是盆栽还是地栽，这些养护工作都十分重要。这些工作可以让月季健康生长，开出好的花朵。

日照

剪除残花与疏枝
剪除残花，疏剪掉无用的枝条，可以使月季更好地通风和接受日照，还能有效预防病虫害的发生。

保障通风
确保月季处于微风流通的环境之中。强风或者无风的环境是月季生长的大敌。

松土
经常给植株松土，可以帮助根系摄取氧气，促使根系发达。

护根覆盖
用牛粪或腐叶土覆盖植株的基部，可以为根基部保湿，防止温度过高。

落叶、枯枝、杂草的处理
落叶、枯枝及杂草会成为病虫害的温床，应当定期清除。

行家支招

增加土壤中有益菌的方法
如果土壤中有害菌猖獗，会使月季遭受严重病害。出现这种情况时，可以在换季时在盆土的表面及附近喷洒苯菌灵溶液彻底整治环境。3 ~ 7 天后再淋上活性剂即可增加土壤里的有益菌。

将月季牵引至窗边

将深受花友喜爱的'龙沙宝石'牵引至窗边，从室内观赏也十分美丽。

享受月季带来的美景

月季分为直立型月季、灌木月季、藤本月季。月季的形态多样，花色丰富。花费一些功夫便能在庭院里观赏到千姿百态的月季。

玄关处的月季代主迎宾

将直立型的'黛菲尔夫人'以螺旋状牵引至门柱上，让月季开满玄关。

月季'蓝色狂想曲'（左）、'蓝色梦想'与婆婆纳的蓝色花朵搭配在一起很和谐。成簇开放的月季占据3/4的比例，分量感十足，让人移不开视线。

庭院中花草争芳斗艳

在立体花坛里种上英国月季'亨利 马丁'。

用古典玫瑰'路易欧迪'与下方的铁线莲'维尼莎'搭配装点门牌。

拱门上的月季'保罗的喜马拉雅麝香'与铁线莲'杰克曼'是深受喜欢的组合，最前方的是月季'安吉拉'。

铁线莲与月季的搭配种植

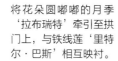

在立体花坛中抽枝伸展

将花朵圆嘟嘟的月季'拉布瑞特'牵引至拱门上，与铁线莲'里特尔·巴斯'相互映衬。

花苗的上盆

切花＆庭院系月季（F&G月季）'神庵'。开花性佳，
花苗在移栽当年便能开出成簇的花朵。

事前准备 月季花苗'神庵'、月季专用培养土、盆底石、
盆底网、底肥、支杆、移栽用的花盆。

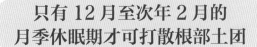

只有 12 月至次年 2 月的
月季休眠期才可打散根部土团

购入花苗之后
应当尽早移栽

花苗是在花盆中短暂种植了一段时间的植
株。长势良好的植株每隔1～2年就会因为根系
的扩张导致原盆没有足够的生长空间，因此需
要进行换盆。

花苗移栽时需要打散根部土团。为了减轻根
系的负担，需要根据根系的情况剪除部分枝叶。

1 在盆底的通气孔上盖上盆底网，加入适量
的盆底石。

2 将底肥与培养土混合均匀，适量加入花
盆中。

3 削平根部土团上方的边角。

7 将培养土填入花盆的空隙中。

11 摘除花苗上剩余的叶片。在进行修剪的 2 天前摘除最佳。

4 打散根部土团，去除一半左右的土壤。

8 晃动花盆让土壤填充花盆里的每个角落。

12 剪除细枝、枯枝。

5 剪除下部的根须。

行家的秘技

9 将支杆插入花盆，将花苗牢牢固定在支杆上以促进枝条萌芽。

13 修剪时注意保持余下枝条的整体高度平衡。

6 调整植株放置的深度，注意将嫁接口露出土面，同时确保上方还有一定的浇水位。

10 确认标签牌上的内容，充分浇水。

大苗的移栽也大同小异
→请参考 P126

四季开花的直立型月季的花后修剪

1　依照花谢的顺序剪除开败的花，回剪到健康叶片的上方。

2　开得不好的花也一并剪除。

3　剪除残花时，可以顺便修剪枯枝及过密的枝条。

过了盛花期的'葵'，株型已经散乱。

四季开花的直立型月季
应在开花结束之后剪除残花

　　月季开完花后，应当尽早剪除残花。越早剪除残花，植株就能越早恢复长势，尽早迎来下一轮的花期。剪除残花时顺便对株型进行整理，可以让植株整体开花情况更好。疏剪掉过密的枝条也可以降低发生病虫害的风险，提高植株开出漂亮花朵的概率。

　　此外，夏季修剪一般是在9月上旬进行（不同地区时间有所不同）。进行夏季或秋季修剪时也应当尽量整理好株型。

四
季
开
花
的
直
立
型
月
季
的
花
后
修
剪

4 开完一轮花之后植株的状态。打理好
整体株型就可以了。

5 第二轮开花。如果第一轮花后修剪时调整好了枝条的平衡，花
朵就能均匀地开满全株。第二轮开花结束后，继续重复上述1~4
的步骤尽早修剪，剪除枯枝，养护植株。

多头簇生花的修剪

成簇开花的月季，并不是所有的花朵都一并开放、一起凋谢。因此，可
以依照花谢的顺序依次剪除残花，当所有的花谢后进行枝条修剪。

1 成簇的花一般从花簇的中心位置开始
开放，因此首先剪除中心的残花。

2 根据花谢的顺序依次剪除残花。

3 当所有的花都开过后，将枝条剪回到
1/2处。

剪除四季开花性强的灌木月季的残花

灌木月季中四季开花性强的品种，只要修剪得当，就可四季开花。

满满盛开的「萨利·赫尔墨斯」花朵即将凋谢的时候。

1 如果叶柄的下方萌发了新芽，修剪时保留新芽。也可以在健康的叶片上方剪除。

2 剪除枯枝，疏剪过密的枝条，完成植株整体打埋。

单侧生长过度的植株
上图中的月季，右侧的枝条生长过度。无论如何精心照料，月季都会出现生长不均衡的情况。

果断地下手修剪
矫正长势偏冠的月季植株

在进行修剪作业时，发育过度的侧枝应该比通常情况下剪掉更多。然而，由于这类枝条更为粗壮，修剪时往往会因难以割舍而轻剪，这样就会导致越早粗壮的枝条长势越旺盛，恶性循环，最终导致一侧的枝条生长过度。

一旦出现这种情况，应在冬季果断地修剪掉生长过度的枝条，整理株型。

1 进行修剪之前，先摘除所有叶片。

2 轻轻剪除残花与花蕾等。

3 根据植株整体的情况，大致定下修剪的位置。

4 剪除不易孕蕾开花的细枝、枯枝及弱枝，再对剩下的枝条进行修剪，调整整体株型。

5 比照剩下枝条的高度，对最粗长的枝条进行修剪。

6 修剪完成后，整体株型均衡。

极其适合盆栽的
月季品种

盆栽种植时，推荐以下
花、株型与花盆比例协调的品种。

这些品种即使盆栽，开花性也很好。如果是带香气的品种，就更让人喜爱了。

Gabriel

🌸 **加百列大天使**

R. 'Gabriel'

DATA

【开花习性】四季开花
【品系】FL 丰花月季
【株型】半横张型　【株高·冠幅】1.0m × 1.8m
【花朵直径】7~8cm　【花色】浅紫色　【花香】强香
【花刺】弱（少刺）
【培育者】2008年　日本　河本纯子

品种特征

略呈浅灰色的淡紫色花朵让人心境宁和。枝条窈窕纤细却生长旺盛，盛夏也能开花。柑橘基调的清香令人惬意。花刺很少，方便打理。

修剪枝条
开花

Aoi

🌸 **葵**

R. 'Aoi'

DATA

【开花习性】四季开花
【品系】FL 丰花月季
【株型】横张型　【株高·冠幅】0.7m × 0.8m
【花朵直径】5cm　【花色】紫红　【花香】微香
【花刺】普通
【培育者】2008年　日本　庆滋玫瑰农场

品种特征

春季花朵为紫红色，秋季转凉后，花色会变为偏紫的茶色。花量大，细枝也能孕蕾。开花后只需轻度修剪，便能再度开出许多垂坠枝头的花朵。花期很长。

修剪枝条
开花

Bolero

 波列罗舞

R. 'Bolero'

修剪枝条
开花

DATA

【开花习性】四季开花
【品系】FL 丰花月季
【株型】横张型 【株高·冠幅】0.8m×0.6m
【花朵直径】8～10cm 【花色】纯白～浅粉色 【花香】强香
【花刺】强（多刺）
【培育者】2008年 法国 梅昂

品种特征

　　由80～100枚花瓣组成杯形花朵。开花性好，株型紧凑，盆栽时每到开花时节，盛放的花团从花盆中倾泻而出，营造出绚烂的景观，深受人们喜爱。花香馥郁，丝毫不逊色于芳香品种'红双喜'（'Double Delight'）。一方亲本是'夏莉法·阿斯马'（'Sharifa Asma'）。

Miyoshino

 美吉野

R. 'Miyoshino'

修剪枝条
开花

DATA

【开花习性】四季开花
【品系】Mini 微型月季
【株型】横张型 【株高·冠幅】0.3m×0.3m
【花朵直径】2～3cm 【花色】珍珠粉 【花香】微香
【花刺】普通
【培育者】2013年 日本 大和月季园

品种特征

　　小巧的微粉色花朵可反复开放至深秋。高温时期花朵近乎白色。抗病性强，无须过多照料，易于养护。

Ambridge Rose

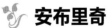 **安布里奇**

R. 'Ambridge Rose'

修剪枝条
开花

DATA

【开花习性】四季开花
【品系】Sh 灌木月季
【株型】半横张型 【株高·冠幅】1.0m×0.8m
【花朵直径】8cm 【花色】杏粉色 【花香】强香
【花刺】强（多刺）
【培育者】1990年 英国 大卫·奥斯汀

品种特征

　　英国月季的代表性品种。深杯形花朵，花色为从白色到杏粉色的渐变色。成簇开花，开花性好，直到深秋都能开花。大马士革香与没药香混合的香味也十分有魅力。

Iori

🌿 神庵

R. 'Iori'

DATA

【开花习性】四季开花
【品系】FL 丰花月季
【株型】横张型 【株高·冠幅】0.8m×0.7m
【花朵直径】5~6cm 【花色】淡茶色 【花香】微香
【花刺】普通
【培育者】2011年 日本 庆滋玫瑰农场

品种特征

　　'葵'的芽变品种。与'茱丽叶'相似，绽放素雅的驼色小花。开花性好，花朵在枝头大片成簇盛开，每个枝头都能结6~12个花蕾，细枝上也能开花，花期长。秋季气候转凉后，花色会加深。

修剪枝条开花

Rikuhotaru

🌿 萤火虫之地

R. 'Rikuhotaru'

DATA

【开花习性】四季开花
【品系】HT 杂交茶香月季
【株型】半横张型 【株高·冠幅】0.8m×0.6m
【花朵直径】8~9cm 【花色】淡黄色至杏黄色 【花香】强香
【花刺】普通
【培育者】2013年 日本 庆滋玫瑰农场

品种特征

　　'香织装饰'（'kaorikazari'）的芽变品种。花朵具有浓郁的大马士革香与柑橘香混合的香味。细枝上也能孕蕾开花，一个枝头上能沉甸甸地开出1~3朵花。株型紧凑，非常好打理。

修剪枝条开花

Eyes For You

🌿 万众瞩目

R. 'Eyes For You'

DATA

【开花习性】四季开花
【品系】FL 丰花月季
【株型】半横张型 【株高·冠幅】1.4m×0.8m
【花朵直径】7cm 【花色】花瓣淡紫色，花蕊周围呈紫红色 【花香】中香
【花刺】强（多刺）
【培育者】2009年 英国 皮特·詹姆斯

品种特征

　　淡紫色花朵的中心处有一块紫红色的圆形色块。抗病性强，盛夏也不会落叶，可以稳定地开花。花朵具有辛辣调的香味，叶片的纹路极具特色，是一种很新颖的月季品种。

修剪枝条开花

Kaoruno

 薫乃

R.'Kaoruno'

修剪枝条
开花

DATA

【开花习性】四季开花
【品系】FL 丰花月季
【株型】半横张型 【株高·冠幅】1.0m×0.7m
【花朵直径】7～8cm 【花色】米色，花朵中心为奶油粉色 【花香】强香
【花刺】普通
【培育者】2008年 日本 京成月季园艺所

品种特征

花瓣为略带透明感的粉色，而花朵的中心是奶油粉色。大马士革香、果香、茶香及没药香糅合而成的，甘甜具有韵味的香味是其特征。开花性很好。

Fragrant Hill

 香山

R.'Fragrant Hill'

修剪枝条
开花

DATA

【开花习性】四季开花
【品系】HT 杂交茶香月季
【株型】半横张型 【株高·冠幅】1.0m×0.7m
【花朵直径】10～12cm 【花色】粉红色 【花香】强香
【花刺】普通
【培育者】2004年 日本 寺西菊熊

品种特征

粉色的大花型花朵数量很多。花香非常浓郁，混合了各种果香，还是花蕾的时候就会释放出香味。花刺不多，非常好打理。

Boule de Parfum

 羊脂香水

R.'Boule de Parfum'

修剪枝条
开花

DATA

【开花习性】四季开花
【品系】HT 杂交茶香月季
【株型】直立型 【株高·冠幅】1.2m×0.6m
【花朵直径】6～7cm 【花色】带有蓝色的淡紫色 【花香】强香
【花刺】普通
【培育者】2010年 日本 爱知月季工厂

品种特征

圆嘟嘟的深杯形花朵成簇开放。入秋后，花色逐渐变成蓝紫色，十分养眼。生长旺盛，枝条发育好。具有蓝色系月季特有的香味。

Part
1
从种植一盆月季开始

极其适合盆栽的月季品种

藤本月季的牵引

开花
藤本月季'西班牙美人'
开满花朵。

1
藤本月季的枝条东倒西歪。

2
用支杆打造支架。

修剪时保留枝条的参考标准

大花	中花	小花
铅笔粗细	一次性筷子的粗细	竹签粗细

只有让枝条尽情伸展
藤本月季才能更好地开花

    藤本月季的生长规模之大往往出乎意料，花朵缀满枝头的模样既壮观又迷人。但是，如果不及时打理，枝条就会窜到四面八方，而且花朵也经常不开在预期的位置，因此，需要及时对植株进行整理。

    想尽情欣赏藤本月季的魅力，那么就在冬季来临之前精心照料花谢后长出的健壮新枝。这些新生长出的枝条需要在12月至次年1月进行修剪、牵引及整理。

    修剪时先剪除枯枝、老枝、拥挤杂乱的枝条，然后将长势良好的枝条回剪到适合开花的粗细位置（标准请参考上表）。

    牵引时将所有枝条盘起，按照等距离间隔固定，尽量确保每一根枝条都能接受光照。牵引可以让植株整体均衡地结蕾开花。

3 摘除全部叶片。注意不要用剪刀剪。

7 将枝条牢牢捆在支架上，可以优化植株的开花情况。

4 将每根枝条都回剪到粗细适合开花的位置。

8 牵引枝条并固定，可以进一步促进开花。

5 枝条修剪完成的状态。

9 将所有的枝条都牵引固定起来，枝条重叠也没有关系。

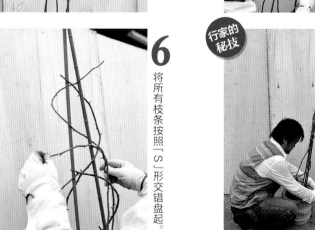

行家的秘技

6 将所有枝条按照「S」形交错盘起。

10 将主枝略微倾斜，以便让植株更充分地接受日照，有利于开花。

藤本月季的牵引

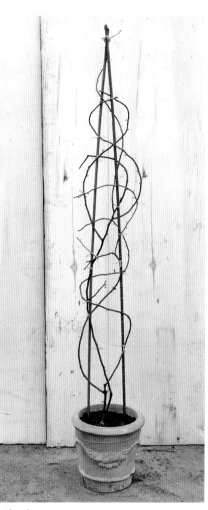

11 牵引完成。注意不同品种的枝条软硬程度、花刺的多少情况都不相同。

花朵满满盛开的
月季品种

这些独具特色的月季品种
不仅开花性好，发枝性也好。
开花时即使远观也能欣赏绚烂的繁花之景。

藤本月季可以立体地装饰庭院与阳台。

Apple Seed

🌷 苹果核

R. 'Apple Seed'

保留枝条开花

DATA

【开花习性】一季开花
【品系】Sh 灌木月季
【株型】半横张型 【株高·冠幅】3.0m×2.5m
【花朵直径】8~9cm 【花色】偏紫的粉色 【花香】强香
【花刺】强（多刺）
【培育者】2000年 日本 京阪园艺所

品种特征

　　古典月季与英国月季的杂交品种。偏紫的粉色深杯形花朵数量繁多，甚至可以覆盖枝干，营造出一种独特风情。秋季会结出许多橘色的果实。

Spanish Beauty

🌷 西班牙美女

R. 'Spanish Beauty'

保留枝条开花

DATA

【开花习性】一季开花
【品系】LCL 大花藤本月季
【株型】横张型 【株高·冠幅】3.5m×3.0m
【花朵直径】10cm 【花色】明亮的粉色 【花香】强香
【花刺】普通
【培育者】1927年 西班牙 佩德·多托

品种特征

　　花瓣呈波浪形的大花型花朵。开花早，开花时花蕊"犹抱琵琶半遮面"的风情别样动人。老枝也能结蕾开花，有着酸酸甜甜的香味。芽条的发枝性非常好，冬季牵引的时候操作方便。虽然是古老的品种却依然深受人们喜爱。

Mysterieuse

 奥秘

R. 'Mysterieuse'

DATA

【开花习性】反复开花
【品系】Sh 灌木玫瑰
【株型】半横张型 【株高·冠幅】1.8m×1.5m
【花朵直径】7cm 【花色】紫红色 【花香】强香
【花刺】普通
【培育者】2007年 法国 多里厄

品种特征

花朵初绽时是紫红色，随后紫色逐渐加深。花瓣上有像是用笔涂抹过般的纤细条纹，十分有魅力。花朵成簇开放。花香浓郁而清凉。

保留枝条开花

Leonard da Vinci

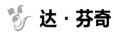 **达·芬奇**

R. 'Leonard da Vinci'

DATA

【开花习性】反复开花
【品系】FL 丰花月季
【株型】半横张型 【株高·冠幅】1.8m×1.5m
【花朵直径】7～10cm 【花色】浓郁的玫瑰粉色 【花香】微香
【花刺】普通
【培育者】1994年 法国 梅昂

品种特征

花朵成簇开放。开花时间长，花朵能持续开放两周。下雨或日照不足会造成花谢或开花数量减少。作为藤本月季来说，生长相对缓慢。即使是老枝也能孕蕾开花。对白粉病的抵抗力强，长势旺盛。

保留枝条开花

Pierre de Ronsard

龙沙宝石

R. 'Pierre de Ronsard'

DATA

【开花习性】反复开花
【品系】LCL 大花藤本月季
【株型】直立型 【株高·冠幅】3.0m×2.5m
【花朵直径】10～12cm 【花色】带有淡绿的白色，中心为淡粉色 【花香】微香
【花刺】普通
【培育者】1986年 法国 梅昂

品种特征

英国月季的代表性品种。花朵为白色到杏粉色渐变的深杯形花。成簇开花，春季开花性好。在我国大部分地区为一季花，但在气候适宜的地方，直到深秋都能观赏到花朵。大马士革香与没药香混合的香味也十分有魅力。

保留枝条开花

花朵满满盛开的月季品种

‘心之水滴’是切花＆庭院系月季‘美咲’的芽变品种。花朵盛放垂坠于枝头，姿态优雅而别致。

月季的定植方法

1 挖一个直径大于 40cm，深逾 40cm 的种植穴。在挖出的土中加入 5L 堆肥、5L 腐叶土。

2 在土中加入一把苦土石灰及适量的缓效性底肥。

事前准备 月季花苗‘心之水滴’、堆肥、腐叶土、苦土石灰、缓效性底肥。

月季定植时场地的选择至关重要

选择场地时需要考虑日照、通风、土壤这三个方面的条件是否适合种植月季，与计划种植的月季品种的习性是否相宜，提前确认好这些非常重要。

其中，土壤条件尤为重要。土壤的质量对根系生长有决定性的影响，因此在定植之前必须进行土壤改良。之后再确认日照与通风的条件是否适宜。如果庭院中种植了其他植物，在定植时需要调整月季植株的高度。

此外，定植时需要确保让嫁接口露出土面，并用支杆固定好植株。这样有助于月季健康生长，更好地孕蕾开花。

如果定植后发现位置不合适，可以在月季的休眠期进行移栽。

3 将土壤与肥料充分搅拌均匀，同时清除土中的石头、黏土团等杂质。

7 调整好花苗在种植穴里的深度，以土面不覆盖嫁接口为宜。

行家的秘技

11 用指尖将周围的土壤压实，也可以使用木棒压实。

4 将 2/3 混合好的土壤回填至种植穴中。

8 将剩余的土壤回填至种植穴中。

12 充分浇水。浇水量约一桶。

5 从盆中取出花苗，去掉根团上方的边角土块并去除侧面的土壤。

9 在植株的周围堆起一圈小土堤，方便后续的浇水工作。

13 等待水分完全渗入土壤（约30分钟），如果土面吸水后凹陷的话再添加土壤。

6 剪除腐坏的根须，修剪过长的根系。

行家的秘技

10 用支杆固定植株。

14 再次充分浇水。水量仍为一桶。

事前准备 月季花苗'钱包'、月季专用培养土、底肥。

1 挖好种植穴。因庭院土壤中石头较多，因此种植穴只能挖 30cm 深。

2 将月季专用培养土与底肥混合均匀以替代挖出的土壤。

3 将混合好的培养土填入种植穴，填充 25～30cm 的深度。

用抬升式花坛
改善月季种植环境

　　地栽月季时，如果庭院的土质过硬难以挖掘种植穴或是土壤的排水性差，可以通过在地面上堆高土壤，建成抬升式花坛来补足土壤深度，满足种植月季的需要。比如，种植穴需 40cm 深，却因故只能向下挖 20cm 的时候，可以在土面上堆 20cm 高的土壤，改成抬升式花坛的形式即可。此外，如果挖出的土壤的排水性不好，可以全部替换为排水性佳的月季专用培养土。

　　枝条伸展促进开花的月季与株型大的藤本月季一样，根部扩张得越多，枝条就伸展得越好。因此，在建立抬升式花坛时，可以添加更多的土壤，堆砌出更高的上床。

4 从盆中取出花苗，去除土团上方的土块并去除侧面的土壤。

8 用砖头在土堆四周固定，防止土堆崩塌。

10 水分充分渗入土壤之后，再次充分浇水，浇水量约一桶。

5 将花苗放入种植穴中，调整花苗的高度。

9 充分浇水，浇水量约一桶。

6 填入土壤，确保花苗的种植深度适宜。

7 将支杆插入种植穴底部，将花苗固定牢实。

11 开花的情形，结蕾数量十分理想。

1 修剪之前的植株。

3 残花与花蕾也需要全部剪除。

4 大致确定好剪切的位置。已生长数年的植株一般剪到及膝的高度。

2 进行修剪前将植株的叶片全数摘除。

确定好目的之后再动手修剪

对四季开花的直立型月季进行修剪的目的大约分为如下三种。

其一，唤醒植株的活力，促进发新枝。原因在于，四季开花的直立型月季只在新生枝条的顶端孕蕾开花。开花后停止生长的枝条在剪除了残花之后，可以发出新枝，并在新枝的顶端结蕾开花。

其二，提高开花质量。如果枝条修剪得过短、过少，虽然可以尽快迎来下一轮开花，然而开出的花朵质量会大大下降。因此，修剪的时期与位置均十分重要。

其三，让健壮的枝条长势再加旺盛，整理株型，剪除多余、枯败的枝条可以让植株保持健康的状态。

四季开花的直立型月季的冬季修剪

5 通常在壮实的芽点上方5mm左右的位置剪下。红色的芽点即为好的芽点。

9 长势不佳的枝条从基部剪除。

10 剪除植株基部位中心的细枝。

6 枝条长度的修剪已经完成。开始进行株型的修整。

11 将株型修剪成圆拱形。

7 剪除弱枝、过细的枝条，疏剪拥挤、重叠的枝条。

8 如果相邻的两根枝条仅有一指左右的间隙，应当剪除其中一根。

一根手指宽

适合在庭院种植的
四季开花的月季品种

这里介绍的月季品种都具有良好的开花性，
地栽时长势良好，
而且抗病性极佳，种植起来轻松简单。

地栽的月季可以充分生长，不仅开出的花朵更大，花色更艳丽，花朵数量也更多。

Ram no Tsubuyaki

🌱 小羊咩咩

R. 'Ram no Tsubuyaki'

修剪枝条
开花

DATA

【开花习性】四季开花
【品系】Sh 灌木玫瑰
【株型】横张型 【株高·冠幅】0.8m×0.7m
【花朵直径】7cm 【花色】鲜艳的纯黄色 【花香】中香
【花刺】强（多刺）
【培育者】2010年 日本 大和月季园

品种特征

柠檬黄色的杯形花朵，在盛夏也能保持花色鲜艳，十分罕见。这种月季是细枝枝头也能轻松开花的优良品种。花朵的香味接近小苍兰。枝条横向生长，发枝性也非常好。

Mon Coeur

🌱 我的心

R. 'Mon Coeur'

修剪枝条
开花

DATA

【开花习性】四季开花
【品系】Sh 灌木玫瑰
【株型】直立型 【株高·冠幅】1.8m×0.8m
【花朵直径】6~7cm 【花色】外层花瓣为浅粉色，内层花瓣为深粉色 【花香】中香
【花刺】弱（少刺）
【培育者】2012年 日本 木村卓功

品种特征

中型的深杯形花朵。花朵中心的花瓣为深粉色，搭配上外层的浅粉色花瓣很是可爱。虽然枝条纤细，但丝毫不影响结蕾的数量。植株长势旺盛，夏季也能生长良好。花香为奶香型，气味柔和。

Red Diamond

 ## 红色钻石

R. 'Red Diamond'

修剪枝条
开花

DATA

【**开花习性**】四季开花

【**品系**】HT 杂交茶香月季

【**株型**】直立型　【**株高·冠幅**】1.2m×0.7m

【**花朵直径**】8～10cm　【**花色**】紫红色　【**花香**】强香

【**花刺**】弱（少刺）

【**培育者**】2013年 日本　今井植物栽培园

品种特征

　　浑圆饱满的深杯形大花，和英国月季一样花瓣繁多，姿容独特。入秋后花色变为更为浓郁的深红色。纤细的枝条上也能轻松孕蕾。花香是高雅的大马士革香。

Promesse Eternelle

 ## 永恒的承诺

R. 'Promesse Eternelle'

修剪枝条
开花

DATA

【**开花习性**】四季开花

【**品系**】HT 杂交茶香月季

【**株型**】半横张型　【**株高·冠幅**】1.2m×0.7m

【**花朵直径**】10～13cm　【**花色**】初期为紫红色，随后转为深红色　【**花香**】强香

【**花刺**】普通

【**培育者**】2010年 法国　高嘉

品种特征

　　花朵是由60～70枚乃至更多花瓣组成的结实饱满的大型花。耐旱、耐高温，枝繁叶茂，即使是新手也能轻松种植。花朵初绽时就会释放出馥郁的芳香，其花香是大马士革现代香型中最浓郁的一种。

La Rose de Versailles

 ## 凡尔赛

R. 'La Rose de Versailles'

修剪枝条
开花

DATA

【**开花习性**】四季开花

【**品系**】HT 杂交茶香月季

【**株型**】直立型　【**株高·冠幅**】1.6m×0.7m

【**花朵直径**】13cm　【**花色**】天鹅绒质感的正红色　【**花香**】微香

【**花刺**】普通

【**培育者**】2012年 法国　梅昂

品种特征

　　该品种是少有的正红色尖瓣月季。枝条挺拔生长，花朵凛然绽放。开花性好且花期持久，开放时间长达两周。花朵不容易因下雨而受损，是庭院种植的必选品种。

 热带果子露

R. 'Tropicla Sherbet'

DATA

【开花习性】四季开花

【品系】FL 丰花月季

【株型】半横张型 【株高·冠幅】1.2m×0.8m

【花朵直径】8cm 【花色】黄色及浅绯红色 【花香】中香

【花刺】普通

【培育者】2003年 日本 京阪园艺所

品种特征

　　初绽时是艳丽的浅黄色，随后逐渐变为粉色与橙色。花期长，花朵可以成簇开放。该品种对于炎热、寒冷、干燥等条件的耐受性极好，即使是新手也可以轻松地种植。

 修剪枝条开花

 玫瑰先生

R. 'Mr. Rose'

DATA

【开花习性】四季开花

【品系】HT 杂交茶香月季

【株型】直立型 【株高·冠幅】1.5m×0.8m

【花朵直径】12cm 【花色】淡粉色 【花香】中香

【花刺】普通

【培育者】2013年 日本 京成月季园艺所

品种特征

　　'玫瑰先生'是铃木省三（京成月季园艺所所长）诞辰100周年的纪念月季。枝条直立生长，花朵为尖瓣高心的大型花。花香清爽宜人。种植起来十分简单。

修剪枝条开花

 新娘

R. 'La Mariee'

DATA

【开花习性】四季开花

【品系】FL 丰花月季

【株型】半横张型 【株高·冠幅】1.0m×0.7m

【花朵直径】7～8cm 【花色】浅粉色 【花香】强香

【花刺】弱（少刺）

【培育者】2008年 日本 河本纯子

品种特征

　　美丽的中型花，卷曲的花瓣宛若涟漪。开花性极佳，花朵成簇开放。花刺极少，打理起来十分方便，是深受女性喜爱的品种。

修剪枝条开花

Hatsune

 初音

R. 'Hatsune'

修剪枝条开花

DATA

【开花习性】四季开花
【品系】FL 丰花月季
【株型】半横张型 【株高·冠幅】1.0m×0.7m
【花朵直径】7~8cm 【花色】淡茶色 【花香】中香
【花刺】普通
【培育者】2008年 日本 河本纯子

品种特征

　　淡茶色的花朵十分罕见，花瓣的特征是边缘的卷曲中有缺刻。易于种植，开花性非常好。

Danjiri Bayashi' 02

 花车伴奏02

R. 'Danjiri Bayashi' 02

修剪枝条开花

DATA

【开花习性】四季开花
【品系】HT 杂交茶香月季
【株型】半横张型 【株高·冠幅】1.5m×0.7m
【花朵直径】10~12cm 【花色】胭脂红色 【花香】强香
【花刺】普通
【培育者】2002年 日本 京阪园艺所

品种特征

　　胭脂红色的花朵。抗病性极佳，和'热带果子露'一样对炎热、寒冷、干旱等恶劣条件的耐受性极佳。花香为浓郁的大马士革香。

Goethe Ros

歌德月季

R. 'Goethe Rose'

修剪枝条开花

DATA

【开花习性】四季开花
【品系】HT 杂交茶香月季
【株型】半横张型型 【株高·冠幅】1.5m×0.7m
【花朵直径】12cm 【花色】偏紫的深粉色 【花香】强香
【花刺】普通
【培育者】2011年 德国 坦陶

品种特征

　　以文豪歌德之名命名的月季。花朵是偏紫的深粉色杯形大型花。花香浓郁且挥发性高。长势极佳，对黑星病有非常强的抗性。

值得尝试种植一次的
个性蔷薇品种

其实，原种蔷薇也有着独特的魅力。

如下列举了独具特色且相对容易种植的原种蔷薇。除了花朵之外，原种蔷薇的叶片与果实也别具魅力。

Sweet Briar

 原种蔷薇

'Sweet Briar', *Rosa eglanteria*

保留枝条开花

DATA

【开花习性】一季开花
【品系】Species 原种
【株型】半横张型 【株高·枝条长度】2.0m×1.6m
【花朵直径】3～4cm 【花色】粉色 【花香】微香
【花刺】强（多刺）
【原产地】欧洲

品种特征

　　粉色的单瓣小型花朵。这种蔷薇也被称为香草蔷薇，叶片散发青苹果的香味。入秋后绿叶变红，星星点点的果实缀满枝头，可以用于制作果茶。这一品种即使不施肥也可以生长。

Carmenetta

 紫叶蔷薇园艺种

Rosa glauca 'Carmenetta'

保留枝条开花

DATA

【开花习性】一季开花
【品系】Species 原种（原种杂交种）
【株型】半横张型 【株高·枝条长度】2.0m×1.5m
【花朵直径】3～4cm 【花色】粉色 【花香】微香
【花刺】强（多刺）
【发现】1583年以前

品种特征

　　粉色的单瓣花朵成簇开放，叶片灰绿色。入秋之后枝叶变红，枝头结出一簇簇红色的果实。以别名'铃铛蔷薇'作为切花售卖。耐寒性非常强，但耐热性不佳。

Rosa majalis foecundissima

 # 重瓣桂味蔷薇

Rosa majalis foecundissima, Rosa cinnamomea plena

保留枝条开花

DATA

【开花习性】一季开花
【品系】Species 原种（原种杂交种）
【株型】半横张型 【株高·枝条长度】2.0m × 1.5m
【花朵直径】5cm 【花色】粉色 【花香】微香
【花刺】普通（多刺）
【发现】1583年以前

品种特征

花香为辛辣调，花朵为重瓣花，花瓣数量非常多。秋季叶片变红，枝头结出许多小果实。枝条柔韧性不佳，不适宜牵引造型，通常作为花树种植。

Single Cherry

 # 密刺蔷薇 '单瓣樱桃'

Rosa Spinosissima 'Single Cherry'

保留枝条开花

DATA

【开花习性】一季开花
【品系】Species 原种（原种杂交种）
【株型】半横张型 【株高·枝条长度】1.2m × 1.0m
【花朵直径】5cm 【花色】紫红色，花瓣背面为白色 【花香】微香
【花刺】普通（多刺）
【培育者】不明

品种特征

单瓣花，紫红色的花瓣与黄色的花蕊对比鲜明分外惹人注目。花瓣背面为白色。秋季会结出黑色的果实。花刺非常多。株型具有野性感，无需打理。耐旱性极佳。

Pierre de Ronsard

 # 柏瑟之紫

R. 'Basye's Purple Rose'

保留枝条开花

DATA

【开花习性】反复开花
【品系】Sh 灌木品种
【株型】直立型 【株高·枝条长度】1.5m × 1.0m
【花朵直径】5cm 【花色】浓艳的紫红色 【花香】中香
【花刺】强（多刺）
【培育者】1968年 美国 罗伯特·柏瑟

品种特征

单瓣花成簇盛放。花香为辛辣调，花色为紫红色。虽然不结果实，但入秋后叶片会变红，枝条在深秋会变为黑色。该品种是不会感染病害的特殊品种。

值得尝试种植一次的个性蔷薇品种

【月季、圣诞玫瑰、铁线莲的主要病虫害】

种植月季时需要留意的病虫害

虽然近年来问世的月季品种抗病虫害能力都很强，但相较于圣诞玫瑰和铁线莲，月季受病虫害的影响仍要严重许多。

害虫

蛴螬

天牛

象鼻虫

蚜虫

病害

白粉病

黑斑病

茎蜂

介壳虫

种植圣诞玫瑰时需要留意的病虫害

通常来说，圣诞玫瑰生命力顽强，不会因为病虫害受到致命性损伤。但对于黑死病千万不能掉以轻心。

害虫

夜蛾幼虫

潜叶蝇

长额负蝗

蛞蝓

病害

软腐病

白粉病

黑死病

灰霉病

种植铁线莲时需要留意的病虫害

相较而言，铁线莲是病虫害较少的植物，然而，一旦感染立枯病就相当棘手。

害虫

蛞蝓

蚜虫

病害

锈病

白粉病

根结线虫

红蜘蛛/螨虫类

夜蛾幼虫

立枯病

Part 2

从种植一盆
圣诞玫瑰开始

圣诞玫瑰的园艺杂交种，为有茎种。

圣诞玫瑰又叫铁筷子，

会在花朵很少的冬季，

绽放出艳丽的花朵。

近年来，随着品种的不断改良，

圣诞玫瑰也有了很多花色和形态的变化。

除了一部分原生品种外，

大多数圣诞玫瑰都是健壮的宿根植物。

种植在可以移动的花盆里，

可以说是最适合圣诞玫瑰的种植方式。

开始种植第一盆圣诞玫瑰

原种蓝灰叶圣诞玫瑰（*Helleborus lividus*），
小花繁多，适合搭配古朴低调的花盆。

在大花盆里蓬勃盛开的圣
诞玫瑰。放在藤本月季的下
方，夏季可以得到遮阴。

圣诞玫瑰在少花的冬季盛开

　　圣诞玫瑰会在万物萧条的冬季庭院里绽放出千姿百态的花朵，是温暖人心的存在。花开满满的庭院固然令人向往，但还是让我们先在花盆里养好第一棵圣诞玫瑰吧！

　　10月开始，在园艺店里，就会有圣诞玫瑰的小苗和开花株销售。从12月至次年4月，特别是2月，各地都会举办圣诞玫瑰开花株的展示会和销售会，这也是入手花苗的最好机会。

　　圣诞玫瑰大致上可以分为原种和园艺杂交种。最好从气候适应性强的园艺品种开始种植。根据自己喜欢的花形、花色来挑选种植品种，选择花茎和叶茎比较粗、叶片呈深绿色的健壮植株。花和叶片萎缩、有黑色的斑点是植株生病的症状，要避免入手。

圣诞玫瑰、早春开放的小草花和彩叶植物的组合。

圣诞玫瑰搭配小草花的组合。虽然圣诞玫瑰向下开放，但如果是重瓣花，也十分华丽。

搭配成组合
盆栽来欣赏

大型花盆里种植着数种圣诞玫瑰。

数个多花的圣诞玫瑰盆栽，组成了可以让人忘掉冬季严寒的华丽风景。

充满魅力的
圣诞玫瑰

圣诞玫瑰充满魅力，

大多数是靠种子繁殖的杂交种，

每株开出的花都不一样。

而富有野趣的原生种，

朴素的气质十分动人。

园艺种，淡粉色的重瓣花带斑点。小花繁多。

园艺种，重瓣花，花瓣边缘的紫红色非常艳丽。

园艺种，黄色的单瓣花带斑点。

园艺种，杏黄色的单瓣花，色彩有着微妙的变化。

种了原生种 *Helleborus dumetorum* 的盆栽。该原生种多用于培育最小型的花。

原生种异味铁筷子的组合盆栽，铃铛一般的绿色花朵魅力十足。

蓝灰叶圣诞玫瑰的条纹品种，素雅的粉色花瓣搭配黄色花蕊，别具特色。叶片绿色，带斑纹。

种好圣诞玫瑰的 7个法则

圣诞玫瑰习性强健，但不太耐受夏季高温多湿的气候条件，应选择排水性、透气性好的花盆，再搭配好的培养土来种植。

栽培环境不同，日照和通风的条件不同，盆土干燥的速度也会有所不同，所以要根据实际情况调整浇水的量和频率。

法则 1: 购买后立刻换盆
从园艺商店买回的植株根系往往会在花盆中缠绕成一团，购买后（2—3月）应该立刻松散根系，用新土移栽。如果放置不管，根团中心就会因为缺少水和空气而受损。

法则 2: 花后的残花修剪
花开后就会授粉，从而结种子。不采集种子的话，就要尽早把花剪断，保留 3cm 左右的茎，以促进植株的复壮。另外，残留的花茎枯萎后应该拔掉，以保持植株整洁。

法则 3: 度夏的要点
炎热的夏季或在连绵的秋雨时节淋雨后，圣诞玫瑰的生长会停滞。这时最好将植株放在通风的树荫下或屋檐下。花盆中过度潮湿会导致根系腐败，应选择排水良好的培养土。

种好圣诞玫瑰的 7 个法则

法则 4: 秋季的移栽很重要

秋分过后，暑热消退，圣诞玫瑰也发出新根和新芽，10月正是适合分株和移栽的时期。如果根系长满了原盆就要换大盆。从第一次开花算起，超过4年的植株应该分株，进行植株更新。

法则 5: 剪掉老叶促进更新

12月，老叶（春季长出的叶子）基部有花蕾膨大，老叶也会向四周倒伏，这时是修剪老叶的好时机。剪掉老叶后，植株的日照和通风都会得到改善，花芽容易长高。

法则 6: 根据季节调整浇水

浇水的原则是当盆土表面干燥后，浇到从盆底有水流出。夏季要多浇水，不过如果降雨多，要注意避免过湿。浇水宜在早晨进行。

法则 7: 夏季不要残留肥料

栽培时放置底肥，10月至次年4月追肥，夏季7—8月及时去除残留的肥料。肥料使用磷肥成分较高的缓效性肥，注意不要过度施肥。

花的构造

花（萼片）

小苞叶

花柄

花蕊

花（萼片）

花茎

小苞叶

【DATA】圣诞玫瑰

学名：*Helleborus*
分类：毛茛科铁筷子属
原产地：欧洲、中国
开花期：12月至次年4月，不同品种花期不同

花色：红色、粉色、紫色、绿色、白色、黑色
株高：20~100cm
栽培特性：适合在夏季凉爽的地区栽种

了解圣诞玫瑰的基础知识

圣诞玫瑰的
主要开花期为 2—3 月

　　圣诞玫瑰经常被误认为是一种蔷薇科植物，其实它是毛茛科里的铁筷子属（*Helleborus*）的原生种和园艺杂交种的统称。原生种黑根铁筷子会在圣诞节开放出玫瑰般的花朵，因此得名"圣诞玫瑰"。

　　圣诞玫瑰的耐寒性很强，习性强健，容易培育。此外，其花色丰富，花形多样，花瓣的纹样和叶片的姿态也值得欣赏。圣诞玫瑰是多年生植物，培育成大株的话可以开出数十朵到上百朵花，爆盆不是梦想。近年来，富有野趣的原生种和原生种间杂交种也很受欢迎。

开花方式

看起来以为是花瓣的部分，其实是萼片。

单瓣

单瓣花有五枚花瓣，花形和
纹样的变异富有趣味。

半重瓣

蜜腺变成小花瓣，小花瓣会
散开。

重瓣

重瓣花,蜜腺和萼片全部瓣化。

花的纹样

圣诞玫瑰花朵的纹样多种多样。

行家支招

圣诞玫瑰为什么没有品种名？

圣诞玫瑰杂交种大多数都没有品种名，多以花形单瓣、重瓣、
半重瓣，花色及花的纹样来记载，这是因为它是用种子繁殖的。

无斑点

花瓣无斑点,干净素雅。

斑点

花瓣上均匀或零星散布小斑点。

喷点

斑点从花的中心呈星形放射
状分布。

斑块

花瓣上的斑点聚集在一起形
成大型的斑块。

筋纹

花瓣上沿着筋脉形成条形纹。

网纹

斑点和筋纹重叠成网状。

花边

花瓣边缘带有复轮边。

复色

花瓣有两种颜色。

有茎种与无茎种的特征

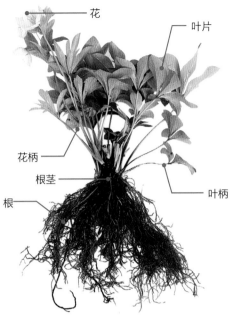

无茎种

- 花
- 叶片
- 花柄
- 根茎
- 根
- 叶柄

花柄和叶柄成簇生长，花柄上开花。

圣诞玫瑰大致可以分为
有茎种和无茎种

有茎种

- 花
- 叶子
- 花茎

花茎顶端开花。

无茎种和有茎种的区别

无茎种是叶柄和花柄都从根茎处开始生长，花开在花柄的顶端。一般的园艺杂交种圣诞玫瑰都是这个类别。

有茎种的特点是具有花茎，花茎下方着生叶片，顶端开花。暗红铁筷子、异味铁筷子是这类代表种。

有茎种（原种）

Helleborus argutifolius 高加索铁筷子
Helleborus foetidus 异味铁筷子
Helleborus lividus 蓝灰叶铁筷子
Helleborus vesicarius 球果圣诞玫瑰

有茎种（杂交种）

Helleborus × ashwoodensis（H.niger × H.vesicarius）
Helleborus × ballardiae（H.niger × H.lividus）
Helleborus × belcheri（H.niger × H.thibetanus）
Helleborus × ericsmithii（H.niger × H.sternii）
Helleborus ×nigercors（H.niger × H. argutifolius）
Helleborus ×sahinii（H.niger × H. foetidus）
Helleborus ×sternii（H.niger × H.lividus）

无茎种（杂交种）

园艺种 *H. hybridus*
* 部分 *H.* 中，有把在黑山共和国分布的品种单立为
H.selbicus

无茎种（原种）

●**叶片小，分枝多的品种（小花系）**

Helleborus multifidus subsp. *Hercegovinus* 尖裂铁筷子变种
Helleborus multifidus subsp. *Multifidus* 尖裂铁筷子
Helleborus torquatus 土耳其圣诞玫瑰

●**叶片小，分枝多的品种（大花系）**

Helleborus abruzzicus 阿布鲁齐铁筷子
Helleborus bocconei 博科尼铁筷子

●**叶片小，分枝少的品种（小花系）**

Helleborus atrorubens 暗红铁筷子
Helleborus croaticus 克罗地亚铁筷子
Helleborus dumetorum 杜门铁筷子
Helleborus occidentalis 奥西登铁筷子

●**叶片小，分枝少的品种（大花系）**

Helleborus cyclophyllus 西科罗铁筷子
Helleborus liguricus 利古里亚铁筷子
Helleborus multifidus subsp. *Istriacus* 多花铁筷子变种
Helleborus odorus 芳香铁筷子
Helleborus odorus subsp. *Abchesicus* 芳香铁筷子变种
Helleborus orientalis subsp. *orientalis* 东方铁筷子变种
Helleborus orientalis subsp. *Guttatus* 东方铁筷子变种
Helleborus purpurascens 紫花铁筷子
Helleborus thibetanus 中国铁筷子
Helleborus viridis 绿花铁筷子

圣诞玫瑰的生命周期

小苗（子叶）

2月前后发芽，长出绿色的子叶，注意防范霜冻。

种子

像米粒一样的椭圆形，长约4mm，成熟后为棕色或黑色，有光泽。

小苗（真叶）

4月前后长出3枚小叶组成的真叶，注意不能缺水。

开花苗（大株）

第一次开花后生长四年的植株，长到10号盆大小。花量很大。

开花苗

2—3月开始开花。如果植株充实较晚，开花可能需要再晚一年。

二年生苗

10月前后长到适合直径9cm的花盆大小的植株，叶片展开。

即将开花苗

又经过一年生长的花苗，10月长出花芽，12月可以看到花蕾。

圣诞玫瑰的种植月历

2月
追肥
添加固体肥料。
→请参考 P71

1—4月中旬
开花
黑根铁筷子从 12 月中旬开始开花。
→请参考 P82~86

12月
追肥
添加固体肥料。
→请参考 P71

开始

12月至次年3月
购买 4.5~5 号盆的开花苗，入手开花苗可以确认花芽。
→请参考 P64~67

11—12月
剪掉老叶
→请参考 P81

10月
追肥
如果不进行移栽的话，添加固体肥料。
→请参考 P71

10月
移栽到庭院中
→请参考 P78~79

10月
移栽，分株
每 1~2 年进行一次移栽，将植株移栽到大一号的花盆。植株第一次开花四年后，生长势头好的植物可进行分株。
→请参考 P74~77

花盆的放置地点

春 3—5月	夏 6—8月	秋 9—11月	冬 12月至次年2月
通风好、日照好的地点。空出植株间的间隙。	每天可以照射到 4~5 个小时阳光的地方。西晒强的地点要遮阴。	通风好、日照好的地点。空出植株间的间隙。	寒风吹拂不到、日照良好的地点。尽量不要被霜冻伤。

3月下旬
剪除花茎

不采集种子的话要及时剪掉残花。
→请参考 P80~81

2—3月
花苗的移栽

买入花苗后，就可将花苗移栽到大一圈的花盆。
→请参考 P72~73

4月
追肥

要注意，肥料不要残留到夏季。
→请参考 P71

3—11月
病虫害对策

害虫预防
2个月使用一次不同种类的内吸式杀虫剂。

疾病预防
2个月使用一次不同种类的杀菌剂剂。

5月下旬
采收种子

可以自行杂交的独特品种。
→请参考 P128

5—6月
剪除残花

采收种子后尽早剪掉残花。
→请参考 P80~81

6—9月
度夏

圣诞玫瑰栽培的关键时刻。
→请参考 P70~71

行家支招

旧的有机肥料是霉变的原因

有机肥如果残留在盆土的表面，随着气温上升，就会霉变。因此要在夏季到来前去除。购买到的开花苗，移栽时也要去除不用的肥料。施肥会促进开花，但是严禁过度施肥，特别是含有氮肥较多的肥料，如果过度施用，会导致植物虚弱，容易生病。

行家支招

斜纹夜蛾幼虫的防治

斜纹夜蛾幼虫又名夜盗虫，白天潜伏在土里，夜间活动，会吃掉叶片，是非常难以捕杀的害虫。发现植株受害后，倒出盆土，寻找并捕杀虫子。

盆栽植株的浇水

春 3—5月	夏 6—8月	秋 9—11月	冬 12月至次年2月
盆土表面干燥后充分浇水，这是新叶生长的重要时期。	盆土表面干燥后充分浇水，小花盆水分流失快，要注意不能干透。	盆土表面干燥后充分浇水。9月还很热，浇水频率和方式应和夏季一样。	盆土表面干燥后充分浇水，上午气温升高时浇水。

选择花盆

盆栽植物有着容易移动，便于近距离赏花等优点。不过，盆栽时由于土的容量有限，水份和肥料容易流失。另外，盆栽也容易受外界环境变化的影响，夏季温度高盆土会发烫，冬季温度低盆土又会冻结。因此，选择适合的花盆十分重要。

种植圣诞玫瑰一般选择红陶盆，其排水性和透气性都好，但是盆土容易干燥，要增加浇水的频率。如果能够确保培养土的排水性，也可以选择透气性稍差的盆子。侧面开有条隙的控根盆也适合用于栽培圣诞玫瑰。

传市钵是一种日本特有的陶盆，不仅透气性好，隔热性也很好，对根系细弱的原生种及园艺种来说是救世主一般的存在。

传市钵

适合用于栽培种植难度大的原生种。

红陶盆

适合摆设，宜选择底部孔大的。

塑料盆

应选择底孔大的盆没问题。

控根盆

十分适合用于栽培圣诞玫瑰。

行家支招

有透气缝的控根盆不要放在地上

控根盆透气性好，特别适合用于栽培圣诞玫瑰，但是要注意不要直接放在地面上，不然根系会从孔隙里长出来，影响花盆中心部分枝条的发育。

底孔的差别

底孔大、排水快的花盆，更适合用于栽培圣诞铁线莲。

根据自己浇水的特点和频率
选择放置地点、培养土和花盆

因为地球温暖化的影响，一些地域在夏季除了中午温度很高，夜晚也会持续高温，这样的环境对植物生长特别不利，如果再加上湿度高、不透气，根系就容易因霉变而受损。另外，由于植株的呼吸作用也受高温影响，白天光合作用储存的养分也不能转化。

栽培圣诞玫瑰的关键是让根系感受到干湿的变化，不可常年处于湿漉漉的状态。

如果每天都想浇水，可以用素烧花盆来栽培并放在日照比较好的地点。白天要外出、不能浇水的人则可将盆栽放在树荫下，避免发生植株脱水的情况，并用塑料盆栽培。

不管种在哪里，都应该使用排水好的培养土，放在通风好的地点。

培养土的配制

排水性、透气性都好的培养土有利于植株的根系生长。优质的培养土不仅应该排水性、透气性好，同时还要具备保水力和保肥力。有些要求似乎是相反的，但还是要综合考虑这些性能才能搭配出合格的培养土。如果更注重土壤的排水性，可用一般的山野草栽培用土加上2份的马粪堆肥来配制。如果自己配制觉得费力，可以去值得信赖的园艺店购买现成的培养土。

自己配制的话，可以参考以下配方。

正确量取出需要的基质，加水润湿后混匀。多余的材料密封后放在阴暗处保管。

市售的培养土
没必要自己搭配，直接更方便。

土的配比
赤玉土（小颗粒）3份，
日向土（小颗粒）3份，
马粪堆肥2份，硅酸盐
白土1份，稻壳炭1份。

硅酸盐白土
可以防止烂根。

稻壳炭
排水性，透气性都很好。

马粪堆肥
注意应使用完全腐熟的堆肥。

日向土（小颗粒）
排水性好。

赤玉土（小颗粒）
排水性、保水性、透气性、保肥力都很好。

适度施肥

施肥会促进植株开花，但是也要避免过度施肥，否则会让植株变得脆弱，也容易得病。夏季要特别注意土里不能残留肥料。

在种植、移栽时施放底肥，开花前后追肥。

基肥

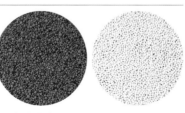

缓效性有机肥
直接混合在土里也不会烧根的肥料，适合寒冷地区。

缓效性化肥
魔肥等混合在土里，也不会烧根的肥料，适合温暖地区。

追肥

液体肥料
10月至次年6月间，每隔2周使用1次，可以促进开花。

固体肥料
合成化肥，注意不要多放。

事前准备 开花苗，花盆，栽培土，标签，栽培名人（一种尖头工具），松开植株根系的螺丝刀。

准备培养土

1 将底肥加入配好的培养土中。底肥用磷含量成分高的缓效性肥料。

2 将底肥与土壤混合均匀。

移栽时把根系打散
之后植株生长会加速

　　如果植株（特别是开花株）的根团缠绕变硬了，移栽时要把根团打散，去除旧土。如果根团硬结，植株的中心部分就会枯萎而从边上发出新芽，株型不美。如果植物一直处于根系满盆的情况，根的生长会停滞，植株在夏季就会枯死。另外，原来的土和新的培养土干燥速度不同，水分的管理也很不容易掌握。

　　把根系完全打散一次，之后再进行移栽的时候就不需要再次打散了。栽植圣诞玫瑰时要注意不能深植，将根茎部押入土壤中的话，容易发生霉变。另外，还需要留下足够的浇水空间（2~3cm）。

2 首先去掉根团上方和侧面的土。

6 向新花盆里加入栽培土，调整植株高度。

行家的秘技

10 用顶端尖锐的工具轻捅盆土，如果培养土下沉了，就加些土。

3 使用螺丝刀等工具进一步去掉根团的土。

7 加入栽培土，拍打盆壁，让盆土贴合。

11 插好标签，整理地上部分。

行家的秘技

4 将根团中心的根弄散。一边冲洗根系，一边继续脱土。

8 不要深植，大约保持这个种植深度即可，留下足够的浇水空间。

12 初次开花后尽早剪除花朵，让植株充实。

5 脱掉旧土，根系松散的状态。去除腐烂的根系。

腐烂的根系

行家的秘技

9 再次拍打盆壁，让盆土彻底贴合。

13 浇水，直到底部有水流出。

圣诞玫瑰的移栽

事前准备 二年生大苗，大一圈的花盆，栽培土，标签，螺丝刀，栽培名人（一种尖头工具）。

2 将植株从盆里拔出来，可以看出根系盘结得满满的。

3 用手轻揉根团上方的土，如果有苔藓或杂草也一并除掉。

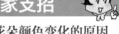

1 如果植株不容易脱盆，就在花盆边缘插入栽培名人以松开根团。

行家支招

花朵颜色变化的原因

植株如果还未成熟就开花，花色就可能与正常的不同。比如买入的是白花品种，次年却开出粉花来。在初冬的时候买入的植株多有此现象发生。

10月是移栽的最好时机

盆栽的时候，如果植株根系把整个花盆都占满的话，植株的生长就会变差。因此，定期移栽有利于根系生长，这是让植株充实、大量开花的重要工作。

秋季购买的二年生苗和即将开花的花苗应该立刻移栽。而自己培育的成年植株则可以在10月至次年3月移栽换盆，但要注意避开严寒的降冬。

其中，最适合换盆的时间是10月，移栽时注意察看根系的状况。当根团盘结得非常厉害的时候，要把根团充分松散后再种植。如果根团没有盘结，则只需轻轻揉松上方和底部的土团，每隔1~2年换盆一次。

4 用桶或脸盆浸泡着根部，除去旧土。

5 从根团底部插入螺丝刀，继续松散根团。

6 根团去除掉旧土的样子。如果松散后有的根须太长，可以剪掉一部分。

7 根的顶端有些发黑腐烂，用剪刀剪掉。

8 向新花盆中加入1/3的土。

9 注意不要深植，调整植株的高度，加入培养土。

10 用螺丝刀插入边缘，让培养土下沉到底部。

11 轻轻拍打盆壁，让培养土均匀贴合盆壁。

行家的秘技

12 用手指轻压盆土表面，将植株固定好。

行家的秘技

13 剪掉受伤损坏的老叶，保留3cm叶柄。

14 剪掉老叶，插上标签。

15 充分浇水，直到盆底有水流出。

75

事前准备 圣诞玫瑰大苗，花盆，栽培土，标签，螺丝刀，栽培名人。

1 难以脱盆时插入栽培名人。

2 拍掉旧土，寻找适合分株的部位。

3 用螺丝刀插入准备分株的部位，将根团一分为二。

行家支招

分株、换盆的适宜时期

分株、移栽要选择在植物容易成活的时间进行，温暖地区避开夏季，以秋季到早春进行为宜；寒冷地区则要避开冬季，在春季进行。

通过分株来让植物重焕生机

分株一般针对盆栽时已经不易管理的大苗来进行，分株的对象是初次开花后生长4年以上的植株，用花盆大小来说就是长满8号盆的花苗。

植株太老长势就会变弱，在这个之前进行分株，可以保持植株的活力。分株的适宜时期和移栽一样是10月至次年3月，但要避开严寒的隆冬，以10月最为适宜。分株、移栽后到植株长好根大约需要2个月的时间。在植株长好根前要避开特别寒冷或炎热的时期，分株、移栽的时间也可以由此倒推计算。

种植后放在通风良好的地方管理，浇水时注意不要过湿。

4

用手小心揉散并分开细密而缠绕的根系。

5

将植株分成两份，注意每个部分留下3个以上的芽。

6

行家的秘技

注意不要伤害叶梗和新芽，用手去掉旧土。

7

用水水淋湿根部，继续脱土。

8

根系发黑或是腐烂的话，用剪刀剪掉。

9

过长的根系用剪刀剪去一部分。

10

加入培养土，调整植株的种植深度。

11

用螺丝刀插入花盆边缘，让土下沉。

12

行家的秘技

轻轻拍打花盆侧面，让培养土均匀贴合盆壁。

13

用手轻轻按压盆土表面，将植株固定好。

14

浇水直到盆底有水流出，并插上标签。

15

种好以后，植株就会更新生长了。

圣诞玫瑰花苗的地栽

事前准备 成熟植株，日向土，白土，马粪堆肥，缓释肥，螺丝刀等。

1 用铲子挖一个直径40cm，深40cm的种植穴。

2 用双手向种植穴中加入12捧的日向土。

3 再加入约3捧的白土。

4 再用双手加入6捧马粪。

行家支招

二年生苗的庭院定植

  圣诞玫瑰的二年生苗也可以直接栽种到庭院里，因为植株生长要较长时间，还是以购买大苗为宜。

露地栽培也需要管理

  地栽时应选择通风好的地点，最初做好土壤改良工作，之后的秋季和春季进行追肥即可。

  圣诞玫瑰的园艺杂交种很强健，露地栽种时即使长时间下雨，植株也可以生长良好

  注意避开全日照的地点，特别是西晒强的地点。排水不佳的地方可以用抬升式花坛来种植。原生种里有些特别不耐热和不耐湿的品种，要避免地栽。

5 加入一把缓效性肥料。

6 用铁锹把土、肥料拌均匀。

7 再加入一部分挖出的原土，搅拌均匀。

8 从原盆脱出的植株，下半部分根系盘结严重。

行家的秘技

9 用螺丝刀把盘结的根系小心散开。

10 可以看到中心部分的根已经腐烂，新根只从边缘长出。

11 去掉旧土，将根系散开。

12 将植株放到土穴里，调整适合种植的高度，不可深植。

13 一边扶着植株，一边加入挖出的原土。

14 两手按压植株基部的土，将植株栽牢。

15 植株基部的样子，注意不能种得太深。

16 最后在植株周围充分浇水。

圣诞玫瑰花苗的地栽

其他管理工作

无茎种
残花的修剪

3月下旬进行。不打算采收种子的话，为了保存植物体力，防止病害发生，应该剪除残花。

1 从基部上方2~3cm处，用消毒过的剪刀剪除花柄。

2 剪下来的花还可以用来插花。

3 残留的花柄枯萎后，在梅雨前拔除掉，防止细菌性病害发生。

有茎种
残花的修剪

3月下旬进行。新的茎上会长出次年开花的花茎，注意不要剪掉了。

1 用消毒后的剪刀从基部上方2~3cm处剪掉茎。

2 剪下来的花还可以用来插花。

3 残留的茎枯萎后，在梅雨前拔掉。

科西嘉铁筷子
残花的修剪

3月下旬进行。尽早剪掉残花，可以让新的花茎晒到太阳。放置不管的话会结出种子，消耗植株的体力。

1 科西嘉铁筷子种植在花坛里可以长成大植株，开出大量的花。

2 从基部上方大约3cm处剪断花茎。

3 修剪后，新叶和新芽就可以晒到阳光了。

无茎种
老叶的修剪

11—12月进行。老叶片不仅不好看，也是细菌性病害的温床，在适当时期剪除，可以促进叶片的更新。

1 叶片开始横倒就是可以修剪的标志。

2 从基部上方2~3cm处剪除，剪掉老叶后，花的观赏性也会更好。

其他管理工作

行家支招

摘除老叶

冬季会有积雪的寒冷地区应将圣诞玫瑰的老叶摘除。

行家支招

剪除异味铁筷子的残花

异味铁筷子和科西嘉铁筷子一样，应该在子房膨大前剪掉残花。异味铁筷子比较耐热，但不耐潮湿，最好放在屋檐下。

剪刀的消毒 1

事前准备 酒精，剪刀，量杯，计量容器。

1 将10%的杀毒剂倒入计量容器中。

2 杀毒剂约200ml。

3 把水倒入计量容器中。

4 总量400ml，这样就混合成5%的溶液。

5 将剪刀放入装消毒液的杯子里，浸泡10分钟以上消毒。

剪刀的消毒 2

将浸泡消毒过的剪刀用打火机烧燎一遍效果更佳。

剪除残花

摘掉花朵的子房（摘除子房）

如果摘掉子房就可以不用剪掉整朵花。

剪掉花茎（剪除整朵花）

要收种子的时候，也可以剪掉一部分不需要的花茎。

独一无二的圣诞玫瑰
园艺杂交品种

很多圣诞玫瑰都没有品种名，

但是它们会绽放出这个世界上独一无二的花朵。

圣诞玫瑰园艺杂交种

H. × hybridus

无茎种，园艺杂交种

特征

以无茎种的原种为基础，反复杂交，改良花色、花形而得到的品种。花色有白色、粉色、绿色、黄色、杏色、红色、紫色、黑色等各种颜色。花朵还有斑点、筋纹、花边等纹样，形态丰富。

栽培

从全日照处到半阴处均可种植。最好选用透气性、排水性佳的土壤，过分荫蔽的环境容易潮湿，要注意避免。种在通风良好处时，耐阴性和耐寒性都很好。

粉色重瓣花朵上带喷点，小花数量繁多，分枝性好。

黄色的重瓣花，带细丝状的赤色花边。

白色的单瓣花，密布美丽的紫红色斑点。

粉色单瓣花带星斑，与深色的蜜腺相映成趣。

粉色单瓣花，花瓣上有大团醒目的斑块。

杏色重瓣花，花蕾还未绽放时为红色。

黑色重瓣花，从花蕊到小苞叶都是深色调。

浅紫色的重瓣小花，带紫色斑点。筒形的小花瓣很有魅力。

小型的绿色重瓣花，略带复轮花边。

个性独特且易于种植的
圣诞玫瑰原种、
原种系杂交品种

圣诞玫瑰中的原种及以原种为基础的原种系杂交种也非常受欢迎。

H. niger

 黑根铁筷子

H. niger

原种，有茎种。外观很像无茎种。

特征

花色乳白，花瓣中心带绿色，有的外侧花瓣略带粉色。个别植株花朵初开时为粉色，经过一段时间转变成绿色。叶片常绿，绿色到暗绿色，厚实，有光泽，7~9叉分歧。

栽培

在半阴处和阴处生长良好，种植时应避开有强光照射的地方。以排水性好的土壤为宜。

H.atrorubens

 暗红铁筷子

H.atrorubens

原种，无茎种。苞叶大，无分歧，小花系。

特征

小型花绽放在枝状伸展的花梗上，通常情况下为紫色或绿色与紫色相间的组合，富于观赏性。叶片多为 7~9 叉分歧，也有 10~15 叉分歧的情况。

栽培

适宜在通风良好处栽种。夏季应放在半阴处，秋季至次年春季应放在日照良好处管理，最好用透气性、排水性好的土壤。花梗比较细，注意防范强风。

H.argutifolius

 ## 科西嘉铁筷子

H.argutifolius

原种，有茎种。

特征

茎的顶端开放 15~30 朵浅绿色至绿色的小花。植株高大，常绿，茎的数量每年都会增加。叶片硬实，边缘呈粗糙的锯齿状，三出掌状复叶。耐寒性稍弱。

栽培

从全日照到稍阴处都可以生长良好。最好用排水性良好的土壤。株高 1m 左右，有强风或大雪的地方要竖立支柱支撑植株。花后会长出新的花茎，要把老茎从基部剪除。

个性独特且易于种植的圣诞玫瑰原种、原种系杂交品种

H.croaticus

 ## 克罗地亚铁筷子

H.croaticus

原种，无茎种。苞叶大，分歧少，小花系。

特征

外瓣花瓣深紫色，内侧花瓣为绿色掺杂紫色，有时内外侧花瓣都会带有红色。苞叶的反面及花茎有细柔毛。

栽培

适宜在半阴处至全阴处栽种，避开日照强烈的地点。选择透气性及排水性好的土壤。

H.multifidus multifidus

 ## 尖裂铁筷子原变种

H.multifidus multifidus

原种，无茎种。苞叶，多分歧，小花系。

特征

分枝性好，花量大，花色为黄绿色至深绿色。有的植株带香味。叶片边缘有 30~40 个锯齿状的细长分裂。*H.multifidus* 的亚种中，另有一个'伊斯托利亚'更加强健。

栽培

在有散射光的阴处生长良好。最好使用透气性、排水性俱佳的土壤。耐热性较强，但是不耐寒风。

H.x ashwoodensis

🌱 阿施伍德圣诞玫瑰

H.x ashwoodensis

杂交种，有茎种。

特征

根据杂交亲本的特征，花朵类似黑根铁筷子，但带有鲜艳的粉色带状花纹，极具魅力。叶片厚，多分歧。

栽培

适合在半阴处至全阴处栽培，应该避开夏季日照过于强烈、会直接淋到雨的地方，可放于屋檐下。夏季注意防范落叶。宜选择透气性、排水性都好的土壤。

H.x ericsmithii

🌱 埃里克史密斯圣诞玫瑰

H.x ericsmithii

杂交种，有茎种。

特征

花瓣内侧带有淡粉色或白色，有时中间有绿色条纹。花瓣外侧颜色较暗，为浓郁的绿粉混合色。叶片常绿，分裂成较宽的3枚小叶，深绿色，有时略带粉色脉纹。

栽培

从全日照处到有散射光的阴处都可以生长良好。最好使用透气性、排水性俱佳的土壤。耐热性、耐寒性都很好。

H.x sternii

🌱 斯特尼圣诞玫瑰

H.x sternii

杂交种，有茎种。

特征

如果类似母本，则花色为绿色，植株高。如果类似父本，则花色为紫色至粉紫色，植株矮。

栽培

从全日照处到有散射光的阴处都可以生长良好。最好使用透气性、排水性俱佳的土壤。耐寒性相对其他有茎种稍弱，但在日本关东以西的半原地区栽培没有问题。

Part 3

从种植
一盆铁线莲开始

盆栽的常绿铁线莲'月光'大量开花，可以近距离地观赏美丽的花朵。

很多人认为

藤本植物很难养，

管理很麻烦。

其实，铁线莲很强健，

只要给予适当的照料，

它就会绽放美丽的花朵，

制造出靓丽的风景。

无论是在阳台还是在庭院中，

都开始尝试种一盆铁线莲吧！

开始种植第一盆铁线莲

铁线莲有着玫瑰没有的花色，开放起来格外优雅。因此，铁线莲又被称为花中皇后或是藤本皇后。

'恺撒'又名'皇帝'，针状的雄蕊非常独特，开量大，强健。

精心选择品种
是成功种植的第一步

铁线莲是藤本植物，在花园中可缠绕在栅栏和拱门上，能够立体地装点空间，是很受欢迎的园艺植物。有些人会觉得地方不够大而不能种铁线莲，其实，盆栽也可以欣赏到铁线莲爆盆的效果。

盆栽最大的魅力就是可以近距离地观赏花朵。盆栽时，可以利用塔形花架这类工具让铁线莲缠绕攀爬，再在下方种上四季草花，打造花园小景。此外，盆栽便于移动，摆放在不同的地点欣赏时，花朵给人的印象也会发生改变。

很多铁线莲品种四季开花性强，盆栽时也可以大量开花。下面就参照我们推荐的铁线莲品种，来体会种植铁线莲的乐趣吧！

春季开花的'银币',花量大,饱满,是适合盆栽的品种。

行家支招

怎样才能全年都有花可赏?

巧妙地将四季开花的品种和一年开花一次的品种搭配在一起,错开不同品种的修剪时间和修剪位置,就会有花朵不断开放,全年都有花可赏。在夏季回剪,让铁线莲开出第二茬、第三茬的美花吧。

盆栽可以有各种组合。图中为铁线莲'凯瑟琳·柯伦威尔'(深粉色)和倒挂金钟'迷你铃铛'(淡粉色)的组合。

盆栽也可以蓬勃开放的'茉莉娅·克莱本太太'。

铁线莲栽培的 7个法则

铁线莲常被误解为很难栽培。

其实，只要把握以下 7 个法则，

就可以轻松栽培铁线莲，欣赏美丽的花儿。

开始尝试种植铁线莲吧！

法则 1：如果希望马上赏花就要买二年生以上的花苗

铁线莲习性强健且容易栽培，但是小苗需要生长 2~3 年才能开花。新手宜选择二年生苗以上的花苗栽培。

法则 2：根据品种的习性进行选择

挑选品种时不仅仅要看植株长势和花色，也要确认品种的习性。不光看花朵，是走向成功的第一步。特别是要确认好修剪方法。图为'恭子夫人'。

法则 3：日照、通风、排水很重要

日照良好、风可以吹动叶片的地方是最理想的。铁线莲生长旺盛，盆栽的浇水原则是土壤表面干燥后就要充分浇水。盆土稍微湿润的状态最好。

法则 4：定期施肥

铁线莲会不断伸展枝条而开出很多花，需肥量很大，生长期不可缺肥，注意定期施肥。

法则 5：注意观察，尽早发现病虫害

铁线莲也会发生病虫害，一旦发现了就要立刻确认植株状态，进行处理。尽早发现很重要，务必要在植株受害严重前及时处理。

法则 6：深植促进分枝

铁线莲适合埋一节茎在土壤中的深植方法，这样植株才会从地下的茎节上发出两三根枝条。

法则 7：频繁做好牵引工作

即使放置不管，铁线莲也可以开花，但如果任其随意乱长，就很难进行管理，也容易发生病虫害，所以要经常进行牵引。

第一次种铁线莲绝对推荐的7个品种

铁线莲有许多品种，

应该选择哪一个入手呢？

下面就介绍 7 个新手栽培也绝对不会失败的

铁线莲品种。

H.F.Young

H.F. 杨
C.'H.F.Young'

修剪枝
条开花

【开花方式】平开（向上）

【品系】早花大花组

【枝条长度】2~2.5m

【花色】淡蓝紫色

【花朵直径】12~15cm

品种特征

　　这是铁线莲栽培中著名的入门品种。大花，开花性好，花量大，经常可以开满整个植株。习性强健，可以重复开花两三茬。可以盆栽，也适合种植在低矮的栅栏边，应用范围很广。

铁线莲中的'茱莉娅·克莱本太太'和藤本月季'安吉拉'为同一色系，搭配和谐。

鲁佩尔博士

C.'Doctor Ruppe'

修剪枝
条开花

【开花方式】平开（向上）

【品系】早花大花组

【枝条长度】2.5~3m

【花色】桃红色花瓣中带有玫红色的粗中线

【花朵直径】14~16cm

品种特征

和'H.F.杨'一样，是铁线莲栽培中的入
门品种。鲜艳的大花从远处看也非常醒目。花
瓣边缘带有细波纹，多花性，可以开两三茬花。
特别适合新手入门。

Doctor Ruppe

鲁本斯

C.montana var. rubens

保留枝
条开花

【开花方式】平开（稍微斜向上）

【品系】蒙大拿组

【枝条长度】3~5m

【花色】淡紫色，略带桃红色

【花朵直径】4~7cm

品种特征

四瓣花，花瓣前端为圆弧形。花量极大，
风吹过时会散发淡淡的甜美香草兰气息。强健
好养，不需要过多管理。粉色蒙大拿组铁线莲
大多都有香气，虽然只开一季花，但值得尝试
种植。

Madame Julia Correvon

塞姆
C. 'Semu'

修剪枝条开花

【开花方式】平开（侧面）

【品系】晚花大花组

【枝条长度】2~3m

【花色】偏蓝的紫色

【花朵直径】12~14cm

品种特征

生长旺盛，花朵不断开放，可以覆盖整个植株。花瓣带轻盈的波浪边，紫色花瓣与红棕色花蕊的对比十分优美。开花期稍微有些迟，但是可以反复开放两三茬，是十分受欢迎的品种。

茱莉娅·克莱本太太
C. 'Madame Julia correvon'

修剪枝条开花

【开花方式】平开（侧面或向上）

【品系】意大利组

【枝条长度】2.5~3m

【花色】酒红色

【花朵直径】5~10cm

品种特征

植株生长旺盛，会不断开花。花朵由 4~6 枚纤细的花瓣组成。花蕾下垂，侧面开花，之后向上展开。花量大，开花时可覆盖整个植株。习性强健，不需要过多管理，是意大利组铁线莲的代表性品种，非常值得入手。

Semu

戴安娜王妃

C. 'Princess Diana'

修剪枝条开花

【**开花方式**】郁金香花形（稍向上开）

【**品系**】德克萨斯组

【**枝条长度**】2~3m

【**花色**】花瓣艳粉色，中间带有桃红色中纹

【**花朵直径**】4~6cm

品种特征

花朵像可爱的郁金香，花量大，是很受欢迎的铁线莲品种。枝条纤细，耐热，生长旺盛，可不断生长。

Arctic Queen

北极女王

C. 'Arctic Queen'

保留枝条开花

【**开花方式**】平开（稍向上开）

【**品系**】早花大花组

【**枝条长度**】2~2.5m

【**花色**】白色

【**花朵直径**】15~18cm

品种特征

花朵为极有分量感的重瓣花，比其他品种的白色重瓣花都更令人震撼。成年植株开花后可以覆盖整个植株。第一茬花还未凋谢时，第二茬花就会开放。花朵持久性好，可以持续 3 周以上。幼苗生长缓慢，但是长大开花后就会令人着迷。

Princess Diana

了解铁线莲的基础知识

枝叶的生长

铁线莲的叶片是一对一对地生长的，有一回一出叶和是一回三出叶，还有三回三出叶的品种。

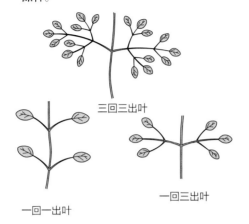

三回三出叶

一回一出叶

一回三出叶

藤的攀缘方法
以叶柄卷绕支柱来攀缘生长。

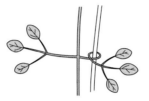

花的构造

花瓣由萼片变形而成。除了向上开，还有向下开和横向开的品种。

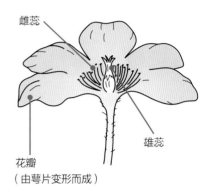

雌蕊

雄蕊

花瓣
（由萼片变形而成）

行家支招

铁线莲的原产地
铁线莲多数原生于北半球，欧洲、亚洲、北美洲均有分布。南半球也分布部分品种，例如很受欢迎的新西兰原产常绿组品种，澳大利亚和南非也有铁线莲原生品种。

【DATA】铁线莲

学　名：*Clematis*	开花期：4—10月，11月至次年3月（冬花品种）
分　类：毛茛科铁线莲属 　　　　主要是藤本性落叶木本或藤本性宿根植物	花　色：红色、紫色、白色、黄色、蓝色等
原产地：北半球，新西兰等部分南半球地区	株　高：根据品种不同 栽培地区：全国

铁线莲的多样性丰富
花朵多姿多彩

铁线莲和圣诞玫瑰、飞燕草都同属于毛茛科，以北半球为中心分布着250~300个原生种。日本有作为大花组杂交种亲本的转子莲、铃铛形花的半钟蔓、白色十字形小花的圆锥铁线莲等大约20个原生种和变异种。

铁线莲的学名*clematis*，来源于希腊语的"clema"，意思是卷绕，这是因为铁线莲通常是用叶柄缠绕树枝和支柱来攀缘生长的。

铁线莲多样性丰富。大多数品种都是在初夏初次开花，但也有冬季开花和春季开花的品种。花色也很丰富，有红色、白色、桃色、黄色、蓝色、紫色等多种颜色。开花方式有向上开的平开、侧开、下垂开等方式，花朵有单瓣、半重瓣、重瓣、铃铛形、壶形等富于变化的姿态。此外，除了藤本品种外，还有直立品种。

通过把不同系统的铁线莲品种组合起来，全年都能赏花完全不是梦想。

Point!

| 新旧枝开花 | 旧枝开花 | 新枝开花 |

↓　　　　　　↓　　　　　　↓

需要辨别品种

↓　　　　↓

| 保留枝条开花型 | 修剪枝条开花型 | 保留枝条开花型（主要是一季开花品种） | 修剪枝条开花型（主要是四季开花品种） |

铁线莲有两大类别

铁线莲分为修剪枝条开花的新枝开花型和保留枝条开花的旧枝开花型两大类。另外还有新旧枝条均可开花的品种，根据具体品种的习性，分别接近新枝开花或旧枝开花，其中以保留枝条开花的为多。

推荐购买三年生以上的大苗

铁线莲花苗分为一年生苗、二年生苗、三年生苗和开花大苗。一年生苗价格便宜，但是很难栽培。新手推荐从三年生苗或开花大苗开始栽培为宜。

铁线莲花苗的选择方法

可以请对铁线莲的知识十分了解的园艺店帮忙选择好的花苗。自己选择的时候要将花盆翻过来观察根系的生长状况，选择根系粗壮、叶片健康、分枝多的花苗。

确认品种的方法

有时，不同品种的铁线莲开的花看起来很像，这个时候就要确认细微的特征。例如，花瓣的顶端部分、宽度，花的大小，花蕊的颜色等等。看得多了就会了解各种品种的差异。花瓣的数量还会因植株的状态而改变。

一年生苗。

二年生苗。

三年生苗。

开花苗'美佐世'。

花盆的选择

铁线莲的根系具有纵向伸展的特性，因此，最好选择深而高的花盆。移栽时选择比原盆大1~2圈的盆，以8~10号盆为宜。

深植1~2节

底肥从花盆边缘埋入

留下浇水空间

根部长满后，如果移栽到同样大小的花盆中，要去除变质的根系，把根团下方剪掉1/5

土壤使用铁线莲专用土为宜，草花种植土也可以

盆底石

宜选择竖长的花盆

盆底网

直接购买现成营养土更方便

种植铁线莲时，购买市面上现成的营养土更方便，最好用专业苗圃或值得信赖的园艺店推荐的土壤。

好的土壤可以保证植株健康生长。

浇水的原则是干透浇透

盆栽铁线莲的浇水原则是盆土干燥后充分浇水。铁线莲虽然喜湿，但是要避免在花盆下垫水盘这种方法。开花之前缺水会影响开花效果。缺水会导致地上部分枯萎，但是及时浇水还会再出新芽，所以不要立刻就放弃植物。

自己调配土壤

自己调配土壤虽然有些麻烦，但是可以制作出最适合植物生长的土壤。如果使用量大的话，自己调配培养土成本也比较低，但是要注意拌匀。

鹿沼土（小粒到中粒）3份

赤玉土（小粒或中粒）4份

腐叶土3份

赤玉土（小粒或中粒）4份、腐叶土3份、鹿沼土（小粒或中粒）3份。

行家支招

栽培细根系的铁线莲时土壤尤为关键

大多数铁线莲都根系粗壮，但也有一部分品种是细根。细根系很容易发生盘结，可以用赤玉土（小粒或中粒）4份、鹿沼土（小粒或中粒）3份、轻石（小粒）3份的比例来配制土壤。

铁线莲非常喜肥

　　想让铁线莲开出美花，肥料非常重要。如果想让铁线莲开出第二茬和第三茬花，更要给予充足的肥料。

　　新枝开花的品种，在 12 月至次年 1 月施基肥（也就是冬肥），之后 1~2 个月追施一次固体肥料，液体肥料每个月浇灌 2~3 次。

　　旧枝开花的品种，12 月至次年 1 月施基肥，花后再追肥。

　　肥料要按照使用说明书的量来使用。

地栽时施基肥的方法

1 在植株周围挖条小沟。

2 倒入适量基肥。

3 盖好土。

专栏 * 铁线莲和转子莲

'歧阜'

'船桥'

转子莲
【开花方式】平开（向上）【品系】原种 【枝条长度】2~3m
【花色】白色至紫色 【花朵直径】8~15cm 【特征】上一年生长出的枝条（旧枝）上长出数个节，新芽顶端开放一朵大中型花。除了单瓣花品种，还有重瓣花品种。在奈良县的大宇陀市的原生地被登记为日本天然纪念物，而船桥市则把当地的转子莲原生品种当做市花。

铁线莲
【开花方式】平开（向上）
【品系】原种
【枝条长度】2~3m
【花色】乳白色花瓣带有紫色瓣化的雄蕊
【花朵直径】6~10cm
【特征】生长力强，每节开花，因为花朵大而稍微有些下垂的姿态，具有如诗如画的风情。夏季不耐热而休眠，秋季伸出枝条，冬季开花。栽种稍微有些难度。

铁线莲是一个统称

　　说起铁线莲，很多人会想起紫色的大花园艺种。实际上，这个名字来自一种原生种。如今，铁线莲被作为所有园艺品种的统称，在日本原生的品种不是铁线莲而是转子莲。

大花组的亲本之一——转子莲

　　转子莲已经被认定为准濒危植物。它有从白色到紫色的花色，经常生长在山村附近的湿润斜坡地。随着盗挖和住宅的扩建，原生种的分布日益减少。有些原生种和园艺种的花形和花色没有什么区别。

　　译注：在中国，铁线莲原生种的学名为 *Clematis florida Thunb.*，产于广西、广东、湖南、江西。它有个著名的重瓣变种'幻紫'。

掌握修剪、牵引方法，轻松种植铁线莲

到底是新枝开花还是旧枝开花，根据冬季芽头的位置就基本可以判断出来。如果剪错了旧枝开花的铁线莲的枝条，植株也不会枯死，来年会从地面重新发出新枝条来，但是当年就不会开花了。

注意！

新旧枝开花的品种，有保留枝条开花和修剪枝条开花的两种枝条，多数为保留枝条开花。但不同品种的习性不同，有的品种可能也会在修剪后开花。

保留枝条开花的类型
冬季在上年留下的枝条的比较高的部位长出芽头。

修剪枝条开花的类型
冬季地表部分枯萎，从基部长出芽头。

从出芽位置了解系统

保留枝条开花 = 一季开花（有的可再次开花）	修剪枝条开花 = 四季开花
旧枝开花，新旧枝开花	新枝开花
蒙大拿组、小木通、常绿组、卷须组	德克萨斯组、意大利组、全缘叶组、铃铛组
冬季休眠期，芽头在地上部分较高的位置长出，但是新旧枝开花的品种有的也会在地面开始 1m 以内的位置出芽	冬季休眠期，地上部分基本枯萎，芽头多在地表附近萌发

大部分的铁线莲都很强健
只要掌握了修剪技巧就很容易栽培

看起来开的都是一样的花，但是一些品种只需要修剪花茎，另一些则要大幅修剪，新手很难区分。而且，铁线莲的枝条会缠绕在一起，哪些是去年的枝条哪些是今年的枝条也很不好区别。因此，很多人觉得铁线莲很难种植。新手建议从四季开花的新枝开花型品种的带花苗入手栽培。

四季开花的品种属于新枝开花类别，修剪、追肥后就会开出下一茬花。冬季地上部分枯萎，自然更新。

一季开花品种，属于旧枝开花的类别，在上一年生长的枝条上开花，所以要珍惜旧枝条。

如果需要更加可靠的开花信息，可以根据值得信赖的作者的书籍来选择或是到专门的园艺店购买推荐的品种，最好不要根据花的样子和品种名随意选购。

修剪枝条开花

反复开花，一年开 2~4 茬花。有的品种有三回三出叶。

3月发芽
上一年的枝条都枯萎了，芽头在地面附近孕育萌发。

5—6月的开花和修剪
新芽生长为枝条，长出七八个节，一边生长一边节节开花。

修剪

7—8月开第二茬花，修剪
修剪之后，再次一边生长一边节节开花。

修剪

保留枝条开花

大多数品种一年开一次花。

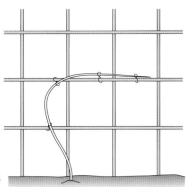

冬季的样子
在植株休眠期前把上年生长出的枝条牵引好。

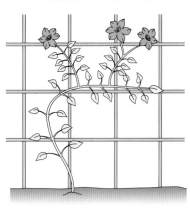

春季到初夏的样子
新芽或是枝条生长数节（4~6节）后开花。开花后再长出的枝条要保留好。

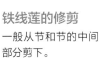

铁线莲的修剪
一般从节和节的中间部分剪下。

注意！

另外，两种枝条均可开花的新旧枝开花型，大多数可归于保留枝条开花型。

不清楚品种名
可以从植株冬季的样子判断类别

观察春季新芽萌发的位置，根据从哪里开始长出叶片，在第几节茎开花，大概就可以判断植株属于什么类别了。

新枝开花（四季开花）的品种，冬季枝条枯萎，基本不出芽，或是在地表附近有芽头。在芽头上方进行冬季修剪。

另外，新旧枝开花的品种，枝条不会枯萎，但是大的芽头通常长在枝条分叉的地方，枝条长出（大约每10天）就要进行一次牵引。

旧枝开花（一季开花）的品种，冬季枝条不枯萎，会在较高位置的节上长出圆形的芽头。冬季应整理牵引好枝条。

修剪枝条开花的铁线莲的种植月历

德克萨斯组

德克萨斯组铁线莲和意大利组铁线莲都是新枝开花的类型。如果希望植株开出第三茬花就需要选择仔细品种，并进行适当的管理，植株的充实非常重要。

12月，2月中旬—4月中旬

栽种（地栽或盆栽）
不损坏根团的话，1—6月也可以栽种。
→请参考 P106~107、P114~115、P130

2月下旬—3月上旬

发芽，牵引
从出芽的地方开始牵引。
→请参考 P108~109

12月至次年2月

休眠期，给予冬肥（基肥）
休眠期地上部分变得杂乱后就要整理。给予肥料。
→请参考 P99

3月—5月中旬

生长期，牵引工作
每周进行1次牵引。
→请参考 P108~109

4—11月

病虫害对策
彻底防治，尽早发现，尽早对应。
→请参考 P124

10月

第三茬花
第二茬花以后的生长是开花的关键。

**第1类：
不开放第三茬花**

8—10月

牵引
牵引到枝条不再混乱的状态。
→请参考 P108~109

9月

追肥
适量施肥。
→请参考 P99

5月中旬—6月

第一次开花
花数多，花色正。

5月中旬—6月的开花后

修剪，追肥
如果枝条数量较多，要适当疏枝。
→请参考 P108~109

7月中旬—8月上旬的花后

追肥
花后适量施肥。
→请参考 P99

**第2类：
要开出第三茬花的情况**

8—10月

修剪，牵引
花后立刻修剪，每周牵引一次。
→请参考 P108~109

6—7月

牵引
每周进行一次牵引。
→请参考 P108~109

7月中旬—8月上旬

第二茬化
四季开花的品种可以稳定地开花。

保留枝条开花的铁线莲的种植月历

行家支招

牵引的方法
希望枝条向哪个方向伸展，就把枝条往哪个方向牵引并用扎带将枝条固定在支柱上。

蒙大拿组
蒙大拿组铁线莲和同属于保留枝条开花的小木通、常绿组铁线莲的开花期稍有不同，可根据开花期来调整不同养护管理时间。

12月，2月中旬—4月中旬
栽种（地栽或盆栽）
不损害根团的话，1—6月也可栽种。
→请参考 P106~107、P114~115、P130

2月中旬—3月中旬
牵引，修剪
确认芽头，从好的枝条开始牵引，适当修剪。
→请参考 P110~111

12—2月
休眠期，冬肥（基肥）
适量施肥。
→请参考 P99

4—11月
病虫害对策
彻底防治，尽早发现，尽早对应。
→请参考 P124

到开花为止
花枝的牵引
冬季牵引的枝条上再发出的枝条适当牵引。
→请参考 P110~111

6—10月
牵引，枝条保护，定期施肥
开花后伸展出的枝条是来年的开花枝，要好好珍惜。
→请参考 P99~101、P110~111

4月—5月中旬
开花
基本一年开一次花。

6月
花后修剪
不要的枝条都适当修剪。

4月—5月的开花后
追肥
开花后适量施肥。
→请参考 P99

1 根据开花位置，在花朵下方修剪，剪下的花可以用于插花。

2 这株开花苗剪下的花叶意外的多。

开花苗的移栽、修剪及牵引

事前准备 开花苗'美佐世'，花盆，盆底石，栽培土，缓效性肥料，盆底网，扎带，花架。

行家支招

为什么重瓣花品种开出了单瓣花？

如果植株没有充实好就开花，重瓣花品种也可能会开出单瓣或半重瓣的花来。有时管理不到位也会有同样的情况发生。

各类别通用

适合时期：5—6月

开花苗应尽早移栽

注意，从园艺店购买回来的开花苗不能缺水。在极度缺水的情况下，植株停止生长，叶片耷拉，开出的花也会变小，重瓣花品种开不出来美观的花。

开花期施含有磷钾成分多的液肥，有促进开花、保护植株的功能。开花后及时修剪，最好不要等到花朵散落再剪。单瓣花保留10~14天，重瓣花保留15~25天即可剪下来。

开花苗的根系有时会盘结，整体花期结束后，应该立刻移栽到大一两圈的花盆中，注意移栽时不要伤到根。根据品种进行适当修剪，促进植株发新芽。生长出的新枝条要勤于牵引，保证通风。

开花苗的移栽、修剪及牵引

3

3 铺上盆底网，加入相当于花盆高度1/6~1/5的盆底石。

7 深植，将1~2节茎埋入土中，注意保留浇水空间，调整种植位置。

11 竖立牵引用的花架。

4 根据花苗的高度及种植的位置，加入适量栽培土。

8 填充栽培土。

12 牵引植株的枝条。

5 轻轻拨掉根团的部分土，注意不要弄伤根系。

行家的秘技

9 压实栽培土，用手来压土，注意不要弄伤根系。

13 将枝条均匀地盘绕在花架上。

6 轻轻抖掉根团上方及侧面的土。

行家的秘技

10 摇晃花盆，让土壤下沉。

14 小心浇水，直到盆底有水流出。

开花苗的上盆

行家支招

各种铁线莲的栽种和苗期管理都一样

不论是修剪枝条开花的铁线莲还是保留枝条开花的铁线莲，栽种方法和苗期管理方法都一样。

事前准备 铁线莲花苗，比原盆大一圈的用花盆，栽培土，盆底石，底肥，支柱，扎带，标签，盆底网（使用控根盆的时候）。

混合底肥

在值得信赖的园艺店或是苗圃的推荐下购买铁线莲用栽培土，栽种前混合好缓效性底肥。

1 加入缓效性底肥，不同肥料加的分量也不同。

2 认真地混合，拌和均匀是重点。

各个类别都适用

适合时期：12月至次年6月

深植铁线莲
有利于出芽和发根

购买了铁线莲花苗后，应该将花苗立刻移栽到比原盆大一两圈的花盆。适宜栽种的时期是12月至次年6月。花苗在盆栽一年后可以正式开始开花以供欣赏。如果是二年生苗，则会在次年春天正式开花。

栽培土宜选择排水性、透气性、保肥力都不错的土壤。草花栽培土，只要能满足这几个条件，也可以用。种植时要埋一节茎到土壤里，这样深植之后植株会从地下的茎发出芽头，形成多分枝的株型。生长期间每隔1~2个月施1次缓效性肥料，让植株更加充实。液肥应尽可能在浇水的同时施用，这样植株生长会更加茁壮。

注意观察植株以便及早发现病虫害，一旦发现病虫害应立刻处理。

开花花苗的上盆

1 加入相当于花盆高度1/6~1/5的盆底石。

2 根据苗的高度及种植的位置，加入适量栽培土。

3 营养钵中的花苗，如图所示，上盆时将一节茎埋入土壤中。

4 将苗从营养钵里取出，轻轻弄散根团。剪除腐烂的根须。

5 适当调整苗的位置，插入支柱。

行家的秘技

6 加入栽培土，用手指按压栽培土，让根系和土壤贴合。插上标签。

行家的秘技

7 前后晃动花盆，让土充分填充到花盆每个角落。

8 充分浇水，直到盆底有水流出。

栽种后的枝条修剪

如果不想让铁线莲只长一根枝条，可以在长出6~7节茎后在第二节或第三节的位置修剪，修剪1~2次。最好在6月之前进行2次修剪，这样植株就可以长出4根枝条。

1 植株只有一根枝条，枝叶的数量都较少，不利于光合作用。从基部长出6~7节后就应该积极回剪。

2 在第二节或第三节的位置，从节中间剪断，这样枝条和花朵的数量都会增加。

3 修剪后追肥。沿着支柱盘绕，枝条伸展后将枝条做好牵引工作。

行家支招

回剪的作用

栽种之后进行回剪以促进植株生发更多枝条，不仅芽的数量会增加，根系也会更发达。

让铁线莲开出三茬花

第二茬花
8月中旬开花。在第一茬花的修剪位置上方的第二节或第三节修剪。

第一茬花
5月下旬开花。开花后要尽早从第二节或第三节修剪。充分追肥。第一茬花一般都比较大，颜色也很鲜艳。

第二茬花的修剪位置

第一茬花的修剪位置

第三茬花
10月上旬开花。开花性强的品种，如果管理得当，就可以开放三茬花。

四季开花性强的品种可以开放数茬花

修剪枝条开花的铁线莲的管理，大致就是在每次开花后都将茎修剪到第二节或第三节的位置，反复进行。冬季地上部分会枯萎，最终全部更新。

生育旺盛的品种，需要每周进行一次牵引。另外，还需定期施肥以养壮植株。顺利的话，枝条每年都会增加。只要养护得当，四季开花性强的品种可以开放数茬花。

主要的系统

意大利组……小花，多花，开花时覆盖全株，习性强健。

德克萨斯组、铃铛组……可爱的壶形花或是郁金香形花，多花，强健，生长旺盛。

全缘叶组……包括直立的品种和半直立的品种，直立品种多被当作宿根植物运用。

大叶组……大叶铁线莲的改良品种，直立型，可以当作宿根植物，有芳香。

早花大花组、晚花大花组（大部分）……中大型花，可以开两三茬花。

 行家支招

修剪根系后能移栽吗？

铁线莲的根系再生能力差，不推荐在剪根后移栽。一旦修剪了根系，最好把地上部分也都修剪一下，以便取得整体平衡。

二茬花的修剪

为了让植株开更多花，要从基部上方 2~3 节处下手修剪，之后补充肥料。

1 在支柱上呈螺旋形转圈牵引。

2 为了欣赏下茬花，尽早从上次修剪过的部位之上的第二或第三节处修剪。

3 深度修剪可以养壮植株，让植株开出更好的花。修剪后，追肥。

不同的开花方式

即使同样都是修剪后开花的三类铁线莲，不同品系的开花方式也有所不同。

德克萨斯组、意大利组
节上开花，枝条不断伸展并开花。

全缘组
伸展的枝条顶端开花为主。

4 第三茬花后，为了充实植株，应尽早回剪。这样可以促进植株大量开花。

调整开花的位置

如果在同样的位置修剪，植株就只会在同样的位置开花。如果植株有数根枝条，只要枝条上有芽头，就可以通过修剪来调节开花的位置。

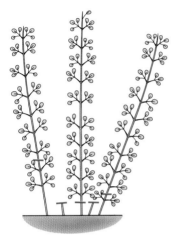

1 在不同的位置修剪，枝条的后期长势会有强弱区别，但是对于植株的生长都没有影响。

2 修剪位置不同，开花的位置也不一样。次年可以修剪别的枝条。

保留枝条开花的铁线莲的管理方法

旧枝开花、
新旧枝开花

适宜时期：
2—3月

1 保留枝条开花的铁线莲，冬季枝条不会全部枯死。

2 除去完全枯掉的枝条，把剩余的枝条盘起来牵引。

3 准备支柱和三脚架。

4 在苗的周围竖立支柱。

主要的品系

蒙大拿组……早春群开时十分壮观，生长旺盛，不太适应高温多湿的地区。

小木通……多花，特别强健，常绿。

常绿组……来自新西兰，像欧芹一样的叶片非常可爱，适合盆栽。

早花大花组……转子莲的改良种，铁线莲表性品系。

保护好枝条
收获花开的喜悦

　　旧枝开花的铁线莲，一般在2—3月对枝条进行牵引。之后，只需要将牵引好的枝条上长出的花枝，朝着希望开花的位置牵引即可。比起修剪枝条开花的铁线莲管理要轻松。

　　开花后清理掉过分拥挤和干枯的枝条。之后再生长出来的枝条，为了便于来年牵引，可以临时扎起来。如果等到秋季以后再修剪枝条，来年的花量就会减少。冬季保留这些干枯的枝条。避免让铁线莲攀爬到月季或其他需要冬季修剪的植物上。

行家支招

"8"字形捆扎
把铁线莲枝条和支柱绑到一起时，应该像"8"字一样绑扎。

5 固定支柱，组成三角形。

6 从粗而长的枝条开始，绕着支柱盘卷。

7 将枝条呈螺旋形盘绕，一边绑扎枝条，一边盘绕一圈。

8 在支柱上部留些空隙，牵引完成。

保留枝条开花的铁线莲的植株更新

旧枝开花和新旧枝开花的品种，枝条会随着生长变老，枝条间也会很拥挤，因此需要进行植株的更新。

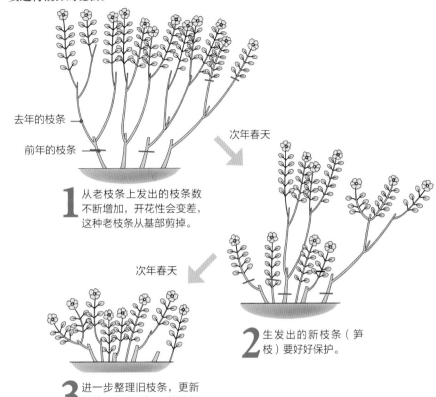

去年的枝条

前年的枝条

1 从老枝条上发出的枝条数不断增加，开花性会变差，这种老枝条从基部剪掉。

次年春天

2 生发出的新枝条（笋枝）要好好保护。

次年春天

3 进一步整理旧枝条，更新植株。每2~3年一起进行一次更新。

铁线莲的压条繁殖

5—7月从地面生长出来的枝条，可以埋一两节到花盆里，埋入土中的节会生根，培养1年后就可以从母株上剪断。

1 在花盆里加入一半的铁线莲栽培土，任选一根枝条。

2 将枝条放倒，埋1节到土里。加入栽培土。

3 充分浇水，之后的管理和母株一样。

种植简单、开花性好、
适合盆栽的铁线莲品种

盆栽时，推荐多花、枝条苗壮成长、
在比较低矮的位置就可以开花的铁线莲。

盆栽铁线莲的修剪和施肥都更容易控制，所以植株更容易反复开花。

Toki

🌿 土岐

C. 'Toki'

DATA

【**修剪**】新旧　【**开花方式**】平开（向上开）
【**品系**】早花大花组　【**开花期**】5—10月
【**枝条长度**】0.5~1.5m
【**花色**】初开淡绿色，之后逐渐变成纯白色
【**花朵直径**】12~15cm

品种特征

植株紧凑，开花时全株都覆满花。圆形的八瓣花在白花系中质感独特，花瓣特别厚，花朵的持久性也好。除了盆栽，也适合在低矮的栅栏边地栽。

（修剪枝条开花）

Piilu

🌿 小鸭 / 彩锦

C. 'Piilu'

DATA

【**修剪**】新旧　【**开花方式**】平开（向上开至稍横向开）
【**品系**】早花大花组　【**开花期**】5—10月
【**枝条长度**】1.2~1.5m
【**花色**】淡桃红色带有深色中纹
【**花朵直径**】6~10cm

品种特征

中大型花，多花，开花时会看不到绿叶的存在。如果养分充足，会开出重瓣或半重瓣花。随着开放时间变化，中纹的颜色渐变，很美观。除了盆栽，也适合在低矮的栅栏边地栽。

（修剪枝条开花）

卡纳瓦女高音

C. 'KiriTeKanawi'

DATA

【修剪】新旧 【开花方式】平开（向上开）
【品系】早花大花组 【开花期】5—10月
【枝条长度】1.2~1.8m
【花色】鲜艳的蓝紫色
【花朵直径】12~15cm

品种特征

名字来自著名的女高音歌唱家。

盆栽也可以绽放出大量花的品种。重瓣的中大型花，很有分量感。花瓣渐渐从中心展开，可开放半个月以上。很多重瓣花品种在第二茬花时花会变成单瓣或是半重瓣，这个品种在开第二茬花时还可以开出重瓣花，十分讨喜。

KiriTeKanawi

修剪枝条开花

爱神

C. 'Aphrodite Elegafumina'

DATA

【修剪】新 【开花方式】平开（斜向上开）
【品系】全缘叶组 【开花期】5—10月
【枝条长度】2~2.5m
【花色】带有丝绒感的深紫色
【花朵直径】10~12cm

品种特征

花蕊和花瓣同色系，独具魅力，从远处观赏也可以感受到独特的氛围。多花，随着生长会不断开花。修剪后到下次开花大约需要1个月，一年可以开3~4茬。枝条的附着能力较弱，因此不要忘记用扎带固定枝条。

Aphrodite Elegafumina

修剪枝条开花

水晶喷泉

C. 'Fairy Blue'

DATA

【修剪】新旧【开花方式】平开（向上开）
【品系】早花大花组 【开花期】5—10月
【枝条长度】1.5~2m
【花色】薰衣草紫色，雄蕊针状
【花径】12~15cm

品种特征

'H.F.杨'的芽变品种，强健，好养活，可以开放两三茬花。外侧花瓣散掉后中间的蕊化花瓣会慢慢展开，非常少见。

同样的芽变品种还有'魔力喷泉'。

Fairy Blue

修剪枝条开花

种植简单、开花性好、适合盆栽的铁线莲品种

在庭院中展现魅力的铁线莲

铁线莲是藤本植物，在庭院中可以搭配制造出各种效果。

铁线莲的庭院搭配案例

'小男孩'（蓝色）和'前卫'（红色）在窗旁演绎出动人的风景。盆栽也有相同的效果。

玄关旁边种上开铃铛形花的铁线莲，串串"铃铛"仿佛在欢迎客人的光临。

在红砖墙壁上牵引了'杰克曼'，开出蓝色花海。

'幻紫'攀爬上树木的效果。

庭院栽培
充分展现铁线莲魅力

铁线莲是不喜欢移栽的植物，因此，适合栽种在宽广的空间里。

日照、通风、排水都是对铁线莲生长影响很大的因素，应根据这三个条件来选择种植的地点。铁线莲长势很旺，种植数株的时候，株距要保持50cm以上。如果和月季一起种植的话，最初月季会长不过铁线莲，要注意给月季留下生长空间。

铁线莲喜好光照，但是根部不耐受因为日照而导致的地温上升。可以在铁线莲的周围种上根系浅的一年生蔓生小草花，不仅可以给铁线莲的根部降温，还可以一起演绎出美好的风景。但宿根植物这类根系粗而伸展广的植物，则适合用作植株间的阻隔，注意不要让彼此的根系缠绕。

将铁线莲用于装点栅栏、墙面等建筑物，也很适合。

铁线莲的庭院种植

尽量种植 3 年生以上的开花大苗。深植是关键。

适合时期：11 月至次年 3 月

11—12 月种植下去，根系很容易扎根，可很快恢复生长。

庭院栽植的注意事项

● 铁线莲不耐移栽，要谨慎选择种植地点。
● 种植之前，要确认好该地点的通风性及土壤的排水性。
● 如果要弄散根团，应选择休眠期进行。
● 铁线莲宜深植，尽量挖掘深的种植坑。

1 种植穴的直径以 40~50cm 为宜。为了能让根系充分伸展，深度最好在 50cm 以上。如果不能向下挖太深，则可以做成抬升式花坛。

2 加入挖出土量 1/3 左右的腐熟腐叶土及适量的缓效性肥料，搅拌均匀。

专栏 ＊ 铁线莲和月季的搭配

将铁线莲与月季组合在一起时，要考虑各自的花期和生长特性。

藤本月季适合与修剪枝条开花的铁线莲一起种植。四季开花的直立型月季，则无论是与修剪枝条开花还是保留枝条开花的铁线莲都可以一起种植。

不要把月季当作铁线莲的支柱，也不要让月季和铁线莲乱长缠绕在一起，而应选择合适的种植地点并合理分配空间。

铁线莲‘茉莉亚·克莱本太太’和月季‘安吉拉’，同色系的颜色很和谐。

3 把拌好肥的土回填 1/3，中间稍堆高一点。

4 检查植株的根系状态，必要的话要进行修剪。

5 小心地将根系散开。

6 让整个根系松散开来。根茎交接的部分容易折断，小心操作。

7 将根部散开后深植。

8 将枝条沿同一方向倾斜向上牵引。不要忘记插标签。

115

适合在庭院和栅栏旁种植的铁线莲品种

以下这些富有存在感的铁线莲品种，
可以让花园的景色瞬间提升。

铁线莲在庭院里会长成大型植株，开花量大，可以发挥出品种本身的魅力。

Frau Mikiko

🌿 美贵子

C. 'Frau Mikiko'

DATA

【修剪】新旧 【开花方式】平开（向上开）
【品系】早花大花组 【开花期】5—10月
【枝条长度】1.5~2.0m
【花色】深蓝紫色的花色随着开放会变浅
【花朵直径】14~17cm

品种特征

很像‘H.F. 杨’，但花色更加浓郁，黄色的雄蕊艳丽迷人，十分罕见，夏季花色不褪。旧枝条和新枝条的开花性都很好，四季开花，是能够打造出繁花景观的品种。

修剪枝条
开花

Oshikiri

🌿 押切

C. 'Oshikiri'

DATA

【修剪】新 【开花方式】壶形（向下开）
【品系】铃铛组 【开花期】5—10月
【枝条长度】3~4m
【花色】红色
【花朵直径】3~4cm

品种特征

花朵向下开，顶端稍微张开，形成可爱的圆壶形花朵。一边生长一边开花，是侧枝也会开花的多花型。夏季可不断生长、开花。及早修剪，可以开出第二茬、第三茬花。

修剪枝条
开花

Ryusei

 流星

C. 'Ryusei'

DATA

修剪枝条开花

【修剪】新 【开花方式】平开（斜向上开）
【品系】全缘组 【开花期】5—10月
【枝条长度】1.5~2.5m
【花色】淡紫色花瓣中间带有朦胧的紫红色纹路
【花朵直径】7~10cm

品种特征

　　花姿优雅，花色独特，花蕊与花瓣的颜色对比也很别致。多花，稍隔一段时间就会开花。枝条不易攀缘，需要用支柱支撑和扎带捆扎。

Juuli

 茱莉

C. 'Juuli'

DATA

修剪枝条开花

【修剪】新 【开花方式】平开（侧开）
【品系】全缘组 【开花期】5—10月
【枝条长度】1.5~2.5m
【花色】略带桃红的蓝紫色
【花朵直径】6~10cm

品种特征

　　修长的枝条顶端着生 4~5 节的开花侧枝，可开 2~3 茬花。细长的紫色花瓣与黄色花蕊对比鲜明。枝条不易攀缘，需要用扎带绑到支柱上支撑。适合与彩叶植物搭配种植。

Maria cornelia

 玛丽亚·科尼利亚

C. 'Maria cornelia'

DATA

修剪枝条开花

【修剪】新 【开花方式】杯形（侧向下开）
【品系】意大利组 【开花期】5—10月
【枝条长度】2~3m
【花色】白色至淡绿色
【花朵直径】5~7cm

品种特征

　　杯形花向下开放，花色为略带淡绿色的乳白色，花瓣中心的雄蕊为褐色，非常雅致迷人。多花，可一边生长一边不断开花，在白花的意大利组里是值得关注的一品。

适合搭配月季的铁线莲品种

铁线莲和月季都需要冬季维护，
为了让它们不妨碍彼此的生长，
品种的选择很重要。

将铁线莲和月季搭配在一起时，二者之间保持得当的距离很重要。一起来挑战种植这对梦幻组合吧！

罗曼蒂克

C. 'Romantika'

DATA

【修剪】新旧 【开花方式】平开（侧开）
【品系】晚花大花组 【花期】5—10月
【枝条长度】2~2.5m
【花色】深郁的紫色
【花朵直径】12~15cm

品种特征

花瓣纤细修长，简约的大花从很远的地方就能辨识。生长旺盛，可不断生长开花。习性强健，容易栽培，开花时花朵可覆盖全株。和黄色的月季共植，效果十分出众。

修剪枝条
开花

滕特尔

C. 'Tentel'

DATA

【修剪】新旧 【开花方式】平开（侧开）
【品系】晚花大花组 【花期】5—10月
【枝条长度】1.5~3m
【花色】桃粉色
【花朵直径】8~12cm

品种特征

高雅的桃粉色花朵和黄色花蕊的对比十分美丽。多花，开花时花朵可以覆满植株。花期长，可不断开花，让人找不到修剪的时间。习性强健，容易栽培。色调柔和，和任何花色的月季搭配在一起都很和谐。

修剪枝条
开花

Prince Charles

 ## 查尔斯王子

C. 'Prince Charles'

DATA

【修剪】新旧 【开花方式】平开（侧开）
【品系】晚花大花组 【花期】5—10月
【枝条长度】2~3m
【花色】雅致的水蓝色，中间略带一点红色纹路
【花朵直径】6~12cm

品种特征

　　中花型，花瓣顶部翻卷，形如小风车。一边生长一边开花，多花，可以开两三茬花，适合和花量大的月季组合。

修剪枝条开花

Ville de Lyon

 ## 里昂村庄

C. 'Ville de Lyon'

DATA

【修剪】新旧 【开花方式】平开（向上开）
【品系】晚花大花组 【花期】5—10月
【枝条长度】2~3m
【花色】桃红色花瓣，中间略带白色纹路
【花朵直径】8~12cm

品种特征

　　虽然是中等大小的花，但花色十分独特，从远处看很有存在感。生长旺盛，习性强健，可不断开花。和大花型的月季搭配非常精彩。

修剪枝条开花

Odoriba

 ## 舞池

C. 'Odoriba'

DATA

【修剪】新 【开花方式】铃铛（向下开）
【品系】铃铛组 【花期】5—10月
【枝条长度】3~4m
【花色】醒目的双色花，花瓣尖端是紫红色，向内逐渐变成白色
【花朵直径】3~5cm

品种特征

　　花姿飘逸灵动，花茎很长，看起来优雅动人。多花，一边生长一边开花。花后及早修剪，可以开 2~3 茬花。和同色系的月季组合起来甚是美丽。

修剪枝条开花

适合搭配月季的铁线莲品种

即使一年只开花一次
也想要种植的魅力铁线莲品种

下面介绍的铁线莲别具特色，
种植会格外有成就感哦！

铁线莲里面有叶片形状独特的品种，以及冬季开花的品种。

 皮特里

C. 'Petriei'

保留枝条
开花

DATA

【**修剪**】旧 【**开花方式**】平开（向上或斜上方开）
【**品系**】常绿组（新西兰原种）【**开花期**】3—4月
【**枝条长度**】1~1.5m
【**花色**】绿色
【**花朵直径**】2~3cm

品种特征

肥厚的细裂叶片也值得观赏。株型紧凑，容易管理。早春开花时，花朵可覆盖整个植株。枝条可下垂开花，用吊盆垂吊起来可以演绎出不同的风情。

 安顺铁线莲

C. 'Anshunensis'

保留枝条
开花

DATA

【**修剪**】旧 【**开花方式**】铃铛（向下开）
【**品系**】原生品种（中国产）【**开花期**】12月至次年2月
【**枝条长度**】3~4m
【**花色**】白色
【**花朵直径**】3~4cm

品种特征

在少花的冬季开放出大量白色铃铛形的小花，深绿色的叶片和白花的对比鲜明，十分美丽。常绿，生长旺盛，盆栽或地栽都可以。

Part 4
了解更多月季、圣诞玫瑰和铁线莲的种植方法

植物的栽培很难完全方法化和法则化。
而且，植物也有个体差异，栽培的环境也千差万别，有时枯掉死掉也是一种经验。

月季、圣诞玫瑰和铁线莲的病虫害及对策

植物多少都会有病虫害

月季、圣诞玫瑰和铁线莲三者相较，最容易遭受病虫害侵袭的是月季。

近年来，市面上出现了很多抗病性强的月季品种，但是，即使抗病性强，也多少还是会遭受病虫害的侵袭。不过，通过改善栽培环境，可以很大程度地减少病虫害的发生。

圣诞玫瑰和铁线莲的病虫害相对要少些，但是圣诞玫瑰的黑死病，铁线莲的枯萎病都是致命的。

无论栽培哪种植物，首先要彻底做好间接的预防工作。一旦发现病虫害，就要尽早喷洒药剂，防止蔓延。

预防病虫害发生

1. 选择抗病性强的品种
选择抗病性强的品种，可以减少喷药的次数。

2. 选择适宜的栽培环境
宜种植在日照、通风、排水条件都良好的地点。注意空调外机附近的区域很容易干燥，要及时浇水。

3. 土壤是栽培的基础
植物种植在好的土壤里就会长得好，抗病性就会提高，因此可适度施有机肥来让土壤肥沃。此外，还要注意土壤的酸碱性。盆栽时，每1~2年应该移栽一次。

4. 利用覆盖保护植株
覆盖可以防止雨水把土壤里的细菌溅起来，还可以防止植株根部干燥和温度过高。一般来说圣诞玫瑰不需要覆盖，但是在强风寒冷的地带覆盖可保护植株。

5. 拔草和翻土
杂草是病虫害的温床，应定期拔除。翻土可以让根部更健康。

6. 细致观察
每天到庭院或阳台观察一下，及时摘掉残花，去除枯叶，也可尽早发现病虫害，以便及时采取防治措施。

7. 洒预防药和喷水来预防病虫害
月季需要定期喷药以保护叶片，铁线莲和圣诞玫瑰则通过在根部放置小白药等杀虫剂颗粒即可防治蚜虫。夏季给叶片喷水可以防止红蜘蛛和蓟马滋生。

月季的主要病虫害及对策

月季的病害首先要注意的是造成落叶的黑斑病，有时会导致整株叶片都落光。为害最严重的害虫则是天牛和金龟子的幼虫。天牛的幼虫会啃噬月季枝干中部，使植株衰弱。金龟子幼虫主要为害根部，也会造成植物衰弱。

主要病害

黑斑病
特征：叶片上出现黑色斑点，并且不断向周围叶片传染，植株长势变弱。
发生时间：6—7月，9—10月。
对策：定期喷洒药剂，预防很关键。

白粉病
特征：多在温差大的早春和秋季发生。通风或日照不好的地方要特别注意。
发生时间：4—7月，9—10月。
对策：在症状发生的部位集中喷洒白粉病专用药剂，及时治疗。

霜霉病
特征：叶片、茎、花瓣上发生，在温差大的地区常见。植株长到一定大小后不会因此病而死亡。
发生时间：4—10月。
对策：尽量放在通风好的地方，避免密植。喷洒预防霜霉病的药剂。

主要虫害

天牛幼虫
特征：钻入枝干内部为害。如果枝干里潜入了幼虫，可以看到根部有木屑。放任不管的话会植株枯死。
发生时间：全年。
对策：发现根部有木屑，就可以判断有幼虫为害，用注射器向虫孔中注入专用药剂。

金龟子幼虫
特征：为害根部，使表面的土壤变得蓬松。植株摇晃不稳就表明地下有幼虫。放任不管的话植株生长会变弱。
发生时间：全年。
对策：挖掘根部周围，找出幼虫并捕杀。或是用专用的捕虫器捕捉成虫。

叶蜂的幼虫
特征：在月季茎干上产卵。幼虫头部黑色，身体艳绿色，孵化后会把附近的叶片吃到只剩下叶脉。
发生时间：4—10月。
对策：幼虫行动迟缓，发现后用手捕杀。成虫翅膀黑色，腹部橘黄色，产卵期不会动，可以轻易捕杀。叶片上如果有条状的卵，可以用牙签戳掉，或是干脆剪掉枝条丢弃。

蚜虫
特征：吸食新叶、嫩芽和花蕾的汁液。繁殖快速，也会成为病毒的媒介。
发生时间：4—11月。
对策：发现后立刻捕杀或喷洒蚜虫专用药剂。

红蜘蛛
特征：体长0.2mm，主要潜伏在叶片背面吸食汁液，使叶片白化。喜好温暖干燥的环境，会在1个月间爆发性增长。
发生时间：5—10月。
对策：厌水，可在发生后经常向叶片背面喷水。当情况严重时，要去除叶片，喷洒灭红蜘蛛专用的杀螨剂。

玫瑰象鼻虫
特征：1~2mm的黑色小甲虫，在新芽和花蕾上为害并产卵。受害的叶片尖端枯萎，花蕾掉落。
发生时间：4—6月。
对策：落蕾上可能有虫卵，要烧毁处理。

介壳虫
特征：白色的贝壳形小虫附着在枝干上吸取汁液。放任不管的话病情会迅速扩展恶化，也会成为疾病的温床。
发生时期：全年
对策：发现后用牙刷刷掉，因为成虫有壳保护，药剂不容易发生作用，4—6月是幼虫的活动期，在这段时间喷药较为有效。

圣诞玫瑰的主要病虫害及对策

种植圣诞玫瑰特别需要注意的的病害是传染性很强的黑死病，基本没有对策，发生后应立刻销毁病株。其他的病害可以通过定期（大约每2个月）喷洒达克宁和百菌清预防，交替使用更有效。

主要病害

白粉病
特征：植株出现小黑点，叶片卷曲。
发生时期：5—7月，9—11月。
对策：发病后及时处理，喷施达克宁和百菌清。

立枯病
特征：叶片出现褐色到黑褐色病斑，根茎腐烂，植株整体枯死。
发生时期：3—11月，有时全年都会发生。气温在20~25℃时多发。
对策：发病后及早从根茎交接处剪断病叶，喷洒杀菌剂。

灰霉病
特征：叶片顶端和边缘出现灰褐色的水渍状斑点，扩大后形成不规则的腐败性病斑。
发生时间：3—11月，有时全年都会发生，气温在20~25℃且湿度高的时候多发。
对策：发病后尽早剪除病叶，并喷洒达克宁等杀菌剂。

软腐病
特征：根茎软化腐败，发出恶臭。
发生时间：7—9月，气温30℃左右且湿度高时多发。
对策：夏季，在根部喷洒铜水合剂预防。发病后使用带有抗生素的杀菌剂喷洒。

黑死病
特征：叶片出现黑色和褐色斑点，最后植株整体发黑收缩死亡。蚜虫是传播媒介。
发生时期：蚜虫发生的4—5月或9—10月多见。
对策：驱除蚜虫，发病后立刻销毁植株、土和花盆。

花斑（马赛克）病
特征：叶片和花上出现马赛克状的斑点和细纹。蚜虫是传播媒介，和黑死病相比传播力度稍弱。
发生时间：蚜虫发生的4—5月或9—10月。
对策：驱除蚜虫，发病后立刻销毁植株、土和花盆。

主要的害虫

长额负蝗
特征：啃食叶片，形成不规则的圆形孔洞。
发生时期：每年发生一次，多在8月为害。
对策：清除周围的杂草，发现后立刻捕杀。

鼻涕虫
特征：为害叶片和新芽的柔软部分，留下孔洞。
发生时间：全年，6月梅雨季节和9—10月的秋雨季节多发。
对策：直接捕杀，或是用诱杀类的杀螺剂。

卷叶蛾
特征：将两枚叶片卷在一起啃食。
发生时间：4—10月间发生4~5次。
对策：发现后将被害叶片剪掉清除，也可喷施内吸性水剂。

潜叶蝇
特征：叶片上出现1~2mm粗细的白色弯曲线，这是潜叶蝇钻入叶片后啃食的结果。
发生时期：4—10月反复发生，夏季炎热时数量减少。
对策：看得到幼虫的话用手按死，或者剪掉叶片。

青虫
特征：幼虫夜间活动，啃食叶片。
发生时间：4—6月和9—10月。
对策：虫卵孵化后聚集在叶片背面，可用内吸性杀虫剂或水剂喷杀。也可把整个花盆浸到水里，虫子会因为不能呼吸而浮出表面，再捕杀。

蚜虫
特征：寄生在新芽或叶片背面，吸食植物汁液，会传染黑死病等病毒性疾病。
发生时间：4—5月，9—10月。
对策：使用杀虫剂喷杀。

铁线莲的主要病虫害及对策

铁线莲是病虫害相对较少的植物。有时会突发立枯病导致整个地上部分都枯死，但是深植的话不会整株死亡。如果种在月季旁边可能受蚜虫侵害，发现害虫后立刻捕杀。

主要病害

红斑病（锈病）

特征： 叶片上有斑点，由霉菌传播。

发生时间： 5—10月。种在红松树附近容易发病，梅雨季节和秋季湿度高、温度低的时候也多发。

对策： 可喷洒杀菌剂预防，及时清除感染的叶片。

立枯病

特征： 枝叶突然变成茶褐色并枯萎。

发生时间： 4—11月。

对策： 6—9月间湿度高时容易发病，及时剪除患病部分并丢弃。勤于牵引，注意通风，多发时喷洒预防药剂。盆栽时注意控水，防止过湿。将2节以上的茎埋入土中，这样即使植株感病也不会整株枯死。

白粉病

特征： 叶片、花蕾上密布白色粉状物。

发生时期： 4—11月。

对策： 剪掉发病部位，多发季节喷洒预防药剂。'如古'这个品种多见此病。及早发现以便立刻应对。

主要病害

蚜虫

特征： 新芽或叶片背面聚集吸取汁液。

发生时间： 4—11月。

对策： 发现后立刻手工捕杀或是喷洒药剂。

螨虫类

特征： 叶片背面聚集小型蜘蛛、螨虫吸食汁液。

发生时间： 5—10月。

对策： 如果长期持续干燥状态就会生红蜘蛛，在叶片背面喷水，或是喷洒杀螨剂。盆栽时特别要注意。

根瘤线虫

特征： 根部寄生线虫，形成瘤状突起。

发生时间： 5—7月。

对策： 数年没有换盆的植株容易受害。注意不要把花盆直接放在土面或地面上。为害不严重时，剪除受损部分，严重时要销毁植株、土、花盆。

卷叶蛾

特征： 卷入叶片中为害。

发生时间： 5—10月。

对策： 发现后立刻捕杀，喷施杀虫剂。

毛虫

特征： 幼虫夜间啃食嫩叶和花蕾。

发生时间： 5—6月、9—11月。

对策： 发现后立刻捕杀，喷洒杀虫剂，但是对较大的幼虫无效。

鼻涕虫

特征： 啃食花和新芽。

发生时间： 4—11月。

对策： 夜间捕杀，或使用专用杀螺剂诱杀。

行家支招

铁线莲的寿命有多长？

根据品种和品系不同，蒙大拿组5~8年，大花组园艺种可生长15~20年，具体植株略有差异。促发枝条进行更新，可以长期赏花。

行家支招

有没有带香味的铁线莲？

有几个品系是有香味的，小木通、粉色蒙大拿组、'贝蒂科宁'、香气铁线莲等品种都有独特的香气。

行家支招

铁线莲可以种植在背阴处吗？

虽然铁线莲对环境有一定适应性，但最好种植在半阴处至全阳处。但佛罗里达组铁线莲更适合种在半阴处。

喷药时的注意事项

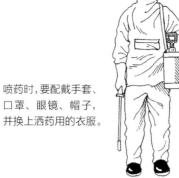

喷药时,要配戴手套、口罩、眼镜、帽子,并换上洒药用的衣服。

仔细阅读药品说明书。

用手动喷雾器喷药时,要戴手套、口罩、帽子,注意不要沾到药剂。

家庭简易喷药法

事前准备 使用的药剂,空塑料水瓶,水杯,喷雾器,秤,量勺,漏斗。

1 用少量水溶解粉末状的水合剂。

2 将液体的药剂和延展剂倒入水瓶。

3 加入少量水,搅拌均匀。

4 将水瓶中的溶液倒入喷雾器,再加入适量的水。

5 仔细喷洒叶片正反面。

—— 注意事项 ——

1. 喷药时要戴口罩和手套

注意不要洒到皮肤上。喷药后及时更换清洗衣服。

2. 注意避免影响邻居

为了不发生邻里矛盾,注意喷药的时间和角度。

3. 在风小的日子从上风向开始喷药

注意不要让药剂洒到自己身上。

4. 避免在中午喷药,在清晨或傍晚无人的时候喷为宜

高温时间容易发生药害。

5. 仔细阅读说明书。

严格按照说明书上的比例配置,搅拌均匀后再喷。

6. 剩余的药剂倒入泥土里

利用泥土的力量自然分解。

7. 叶片正反面都要喷到

很多病虫害都在叶片背面发生。喷药时注意叶片背面也要喷到。

8. 尽可能使用高性能的喷雾器

在喷洒较高的地方时或喷药面积较大时,要用压力大的电动喷雾器。

9. 一定要添加延展剂

添加延展剂可以提高农药的延展性和渗透性。

10. 在台风或大风之前喷药

大风会传播黑斑病病菌,所以要在大风之前喷药来预防。

125

花苗的种植

种植二年生苗（大苗）

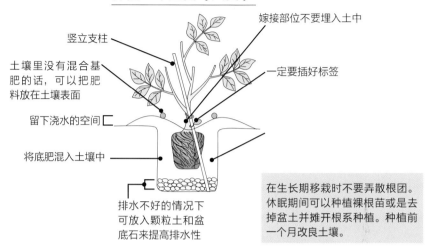

竖立支柱

土壤里没有混合基肥的话，可以把肥料放在土壤表面

留下浇水的空间

将底肥混入土壤中

嫁接部位不要埋入土中

一定要插好标签

排水不好的情况下可放入颗粒土和盆底石来提高排水性

在生长期移栽时不要弄散根团。休眠期间可以种植裸根苗或是去掉盆土并摊开根系种植。种植前一个月改良土壤。

大苗的盆栽

新苗的盆栽

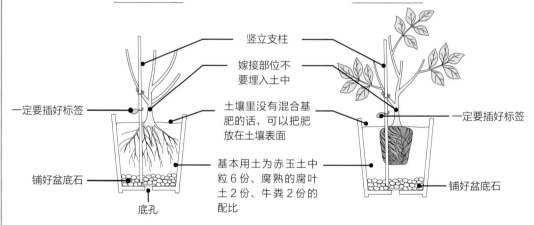

竖立支柱

嫁接部位不要埋入土中

一定要插好标签

土壤里没有混合基肥的话，可以把肥放在土壤表面

铺好盆底石

底孔

基本用土为赤玉土中粒 6 份、腐熟的腐叶土 2 份、牛粪 2 份的配比

一定要插好标签

铺好盆底石

香气的分类

- - - - - - - - - - - - - - - - -

古典玫瑰大马士革香型
现代大马士革香型
花香
水果香
茶香
香料香
柑橘香
麝香
没药香

月季花形的分类

- - - - - - - - - - - - - - - - -

花瓣形状
尖瓣，圆瓣，波浪边，心形，锯齿形

外形
尖瓣外翻，内卷内包（杯形），平开

内形
深杯形，开放杯形，浅杯形，莲座形，四分形

保留枝条的月季的牵引

冬季不修剪而保留枝条的月季，主要是藤本品种，通过把枝条呈放射状地牵引，能够有效地收纳枝条，植株开花性会更好，开花枝的配比也更佳。

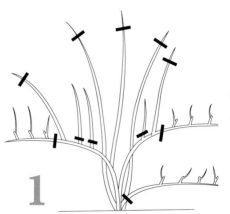 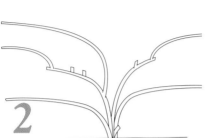 

6—7 月，12 月至次年 2 月
花后会从横向的枝条或植株基部发出笋芽并长成新的枝条，注意保护好。
在月季休眠的 12 月至次年 2 月进行修剪，牵引。

12 月至次年 2 月
休眠期间，将枝条呈放射状地横向牵引。把枝条前端不能开花的细弱部分修剪掉。捆扎固定。

次年 5—6 月
牵引的枝条上大量开花，花后生发新的笋芽，茁壮的笋芽会成为次年开花的主力。

玫瑰月季和蔷薇的系统

保留枝条开花的玫瑰月季（藤本）

高卢玫瑰	G：最古老的系统，是红色玫瑰的祖先
大马士革玫瑰	D：高卢玫瑰和腓尼基蔷薇的杂交种，多用作香料
阿尔巴玫瑰	A：犬蔷薇和高卢玫瑰的杂交种，白玫瑰的元祖
千叶玫瑰 / 普罗旺斯玫瑰	C：大马士革玫瑰和阿尔巴玫瑰的杂交种
苔藓玫瑰	M：千叶玫瑰或是大马士革玫瑰的变异种
波旁玫瑰	B：大马士革玫瑰和中国月季的杂交种，部分品种可四季开花
诺伊赛特玫瑰	N：麝香蔷薇和月月粉的杂交种
波特兰玫瑰	P：大马士革和月月红的杂交种
杂交常青玫瑰	HP：各种系统的杂交种，是四季开花的大花月季的前身
杂交麝香蔷薇	HMsk：由麝香蔷薇衍生而成，但性质不同
蔓生蔷薇	R：起源于野蔷薇或是光叶蔷薇的小花藤本
攀缘月季	CL、LCl：蔓生，大花藤本
原种蔷薇	Sp：北半球的原生种

修剪枝条开花的玫瑰月季（四季开花的直立型品种）

杂交茶香月季	HT：四季开花，大花，除了直立型品种，也包含部分藤本品种
丰花月季	F：成簇开花，除了直立型品种，也包含部分藤本品种
微型月季	Min：矮生品种
中国月季	Ch：包含部分藤本品种
茶香月季	T：包含部分波旁品种

了解更多圣诞玫瑰的种植方法

栽培圣诞玫瑰原生种
防暑是关键

圣诞玫瑰原生种不耐高温多湿，较难栽培。但是，正因为需要这样费心费力的管理才更彰显其独特的魅力。

本书收录的圣诞玫瑰原种中有一些是可以在中国栽培的品种。但是圣诞玫瑰原生种的原生地夏季温度更低，年间的降水量也少，因此，很多原生种对于中国南方炎热和多湿的环境是很不适应的，如何克服这些问题就是栽培的关键。例如，放在遮阴处或在没有直射阳光，通风良好的地方，或者放在不会直接淋雨的屋檐下或树荫下，采用透气性、排水性好的花盆和用土的组合等等。

圣诞玫瑰原生种的习性跟高山系山野草有些类似。因此，原生种很适合栽种在山野草常用的透气花盆中。这种花盆透气性好，水分容易蒸发，盆内的温度不容易上升。但是，因为比塑料盆干得快，夏季还要注意不能断水。

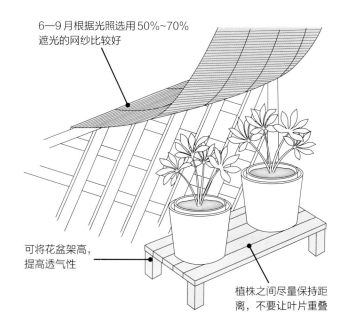

6—9月根据光照选用50%~70%遮光的网纱比较好

可将花盆架高，提高透气性

植株之间尽量保持距离，不要让叶片重叠

采种子的方法

圣诞玫瑰杂交后可以产生世间独一无二的品种。

1 4月下旬种荚开始膨大。

2 用茶叶包等袋子，把种荚包起来。

3 再用钉书机钉好，5月下旬种子就会掉落到袋子里。

蒙大拿组铁线莲开花时气场十足。

合理搭配种植，全年都可赏花

月季、铁线莲和圣诞玫瑰，只种植其中一种，或是将它们搭配在一起种植，可以呈现不同的美景。例如，月季和铁线莲的组合就非常值得尝试。但实际操作起来，还是有一定难度的。

春季，小木通铁线莲、蒙大拿组铁线莲都开始开花，继而木香也会开放。

春季到初夏，月季和铁线莲竞相开放，稍过一段，晚花的意大利组铁线莲也开始开放。夏季，四季开花的直立型月季又开始开放。

到了晚秋，一些月季品种还在开花，冬花的圣诞玫瑰开始开放。

与其让月季和铁线莲纠缠在一起同时开花，还不如稍微错开些位置，时间上也安排出时间差，就能在不同时间都有花可赏。作为爱花人，通过努力让花园全年都有美丽的花朵绽放是件既辛苦又快乐的事。

月季

铁线莲

根据开花位置来牵引，使月季和铁线莲相互不会影响彼此的生长。

开满花朵的盆栽圣诞玫瑰。强健的杂交种也可以种在庭院里。

四季开花的月季在小路上尽情绽放。

异味铁筷子开出了大花球。

春季蓬勃盛开的小木通铁线莲。

了解更多铁线莲的种植方法

铁线莲的种植方法

蒙大拿组和小苗的种植

大约埋 1 节枝条到土壤中

大苗的种植

地下节上发芽

大约埋 10cm 的深度

深植后地下的节上也会生根

庭院种植

将枝条深埋 1~2 节到土壤中，植株可以从地下发出芽来，分枝更多，也更健壮。大苗深埋 10cm 左右，蒙大拿组和小苗则大约埋 1 节。种植时如果不便深挖的话，可以建造抬升式花坛。

庭院栽培的要点

铁线莲不喜欢移植，所以要慎重选择栽植的地点。日照很重要，但又要注意不要让植株基部直接晒到太阳。

盆栽的要点

种植、换盆都是在9—11月和3—5月进行为宜。使用优质的培养土，花盆选择比原来的花盆直径大一圈的深高盆，深植。如果花盆在10号以上、更换同样大小的花盆的话，则比较适宜在春季修剪之后进行。

保留枝条的铁线莲的牵引

休眠期确认了芽头之后，就要进行放射状的牵引，新芽生长数节后，就可以开花。

了解更多铁线莲的种植方法

修剪枝条开花的类别

新枝开花的方式
·强剪

新枝开花的品种，多数都耐热，在修剪后反可复开花，花朵个性十足。

开花方式有：①上年长出的枝条在冬季枯萎到地面部位，春季从地面或地下长出7~8节长的枝条，之后每节开花，继续生长。包括德克萨斯组、铃铛组、意大利组。②上年长出的枝条在冬季枯萎，春季从地下发出10节长的枝条，顶端开花，主要为全缘组。

冬季或早春的修剪很简单，只需将枝条剪至地面有芽部分即可。新枝条长出后，往希望开花的方向每10天进行一次牵引即可，从平面上看是呈放射形牵引。开花后尽早修剪便可以期待再次开花。植株年幼时进行强剪，可以增加枝条数量。植株充实长大后，根据枝条状况可分别强剪或弱剪。

保留枝条开花的类别

旧枝开花的方式
·基本是轻剪

旧枝开花的铁线莲多为早春开花、一季开花的品种，若春季同时开花，效果会十分壮观。庭院栽培时尽可能为枝条提供较宽阔的墙面面积。上一年伸展的枝条上，会生长出1~3节的开花枝条，顶端开花。

为了更好的观赏效果，春季2月中旬到3月上旬，首先把以前牵引的枝条松开，在每根枝条顶端的壮芽上方修剪。生长数年的过老枝条，则从基部剪除，让枝条更新。

牵引后，直到开花前都只需进行花枝方向的调整。早春稍微费点力，之后的管理就很轻松。

开花后，把花后生出的枝条保护好，等待次年再次开花。

冬季开花的品种和常绿组的生长轮回基本上是半年一次，管理工作大致一样。

注意，小木通和蒙大拿组整体强剪的话会让植物受损。

新旧两种枝条的开花方式
·春季生长后开花

新旧枝开花的品种，多数为大中型品种，可以任意修剪，在10月之前可以开2~3茬花。

早春的修剪牵引，根据品种而有所不同。如果地上部分保留多，只修剪枝条最上面的芽头的话，旧枝开花；将枝条修剪到比较靠近地面的话则新枝条开花。旧枝开花的品种为了控制开花位置，修剪后需要定期牵引。开花后牵引和摘除残花一起进行。

蒙大拿组的开花方式

蒙大拿组的修剪和牵引，和大花系不同。枝条下垂也会开花，所以可通过春季的修剪和牵引，制造出豪华的观赏效果。

开花后生长的枝条在6月下旬为止修剪到大约1/3的程度，促进植株生发更多枝条，让次年的开花效果更壮观。

蒙大拿组在日本关东以西的平地寿命为5~8年，旧植株老去时也是更新品种的机会。近年，蒙大拿组的新品种增加很快。

早春开花的常绿组的开花方式

常绿组是新西兰原产的铁线莲原生种及园艺种的统称。雌雄异株，雄性植株不结果。园艺种'银币''小精灵''月光'，都值得推荐。盆栽的话，可以放在庭院作为亮点。日本关东以西的平原地区可以户外过冬，寒冷地带需要防寒。

常绿组的修剪和牵引，基本和旧枝开花品种一样，花期在3月至4月中旬。在梅雨之前修剪花后伸展的枝条，就可以增加枝条数量。冬季进行控水管理。

冬季开花的常绿组的开花方式

冬季开花的常绿组铁线莲习性，强健，多花容易种植，在日本南东北以西大部分地区可以越冬。

全年都适度牵引伸长的枝条，管理中可以不修剪。7月上旬修剪可以增加开花枝的数量。疏剪不需要的枝条改善通风，发现枯枝和枯叶要剪除。

冬季开花的落叶铁线莲的开花方式

落叶性的卷须组铁线莲，在10月中下旬开花，可持续开花至11月，之后枝条生长，零星反复开花。6—7月进入休眠期，9月前地上部分都是枯萎的。

修剪方式参照旧枝开花品种，9月对休眠中的枝条进行修剪和牵引，之后适度修剪，细心牵引。4月左右进行一次中度修剪可以增加枝条数量。6月处理枯枝败叶。

铁线莲的主要品系与开花方式

铁线莲有很多品系，不同品系的枝条性质也不同。了解自己想培育的品种属于什么品系，就可以了解其性质和管理方式。

慎重选择品种

首次栽种铁线莲时，可以从本书中推荐的品种中选择。自己选择时，不仅要根据花姿花色，还要关注叶片的质感、开花方式、管理方法、枝条长短、生长习性等等。

现代园艺种有很多杂交品种，同一品系的不同品种，习性也不同。

关于反复开花

四季开花的品种，盆栽比较容易管理。如果在庭院中和其他植物一起种植的话，可能会因得不到充分的日照和养分而难以再次开花。

如果想让铁线莲二次开花，植株的充实不可或缺。植株需要培育 2~4 年才会逐渐壮实。

◆修剪枝条开花的铁线莲

新枝开花

新枝条的顶端和节上开花，可以用修剪来控制，但是修剪后能够多大程度地反复开花还会因品种，环境和栽培方式而异。

意大利组

意大利组的原生种和改良种。品种多，小花到中花，花形多样，侧向或是稍微向下开放。

铃铛组

铃铛组的原种和改良种，很多品种都会开放铃铛形的可爱小花。

德克萨斯组

德克萨斯原生种和大花园艺种的品种杂交而成。品种很多，花主要为郁金香花形，多花，耐热，生长快。

直立系铁线莲
（直立和半藤本）

全缘组的原种和改良种。直立性和半藤本性，枝条攀缘性差。可以像宿根植物一样养护。

大叶铁线莲（草牡丹）

由大叶铁线莲原生种改良而成的品种，直立性，稍微有芳香，开放的花朵不太像铁线莲而类似风信子。可以作为大型宿根植物来种植。

牡丹藤

夏季开放覆盖植株的大量小花。

圆锥铁线莲

由圆锥铁线莲原生种、东北铁线莲原生种改良而成的品种。绽放具有芳香的十字形小花朵，夏季可盖满植株。

* 原种的德克萨斯铁线莲被分类到铃铛组里。

◆保留枝条开花的铁线莲

旧枝开花

保留枝条并牵引枝条，枝条伸展后会开出美丽的花。多为一季开花品种。

早春开花常绿组

新西兰原生常绿种和改良种。绽放白色或绿色花，叶片很像欧芹，适合盆栽。

冬季开花卷须组

卷须组的原生种和改良种。花向下开，淡乳白色，花瓣有的带有斑纹，非常可爱，花后的种子（果球）也很有魅力。

长瓣组

以高山铁线莲、长瓣铁线莲为主的原生种和改良种。有向下开放的可爱小花，花后的种子和果球也很可爱。是很受喜爱的山野草。

小木通

小木通的原生种和改良种。叶片常绿而有光泽，芳香品种多。多花，一节上有时会开放数十朵花。

早花大花组

主要为转子莲的原生种和改良种。4月中旬开始开花，单瓣花品种和重瓣品种都有。

蒙大拿组

蒙大拿组的原生种和改良种。有的品种带香味，近年来有重瓣品种，春季大量群开。生长旺盛，容易栽培，不耐夏季的酷热。

新旧枝开花

兼具新枝开花和旧枝开花的性质，修剪后可以一定程度地开花，枝条生长后再开花会表现更好。

晚花大花组

杰克曼组的改良种。5月上旬开始开花，多为深紫色花朵的品种。

佛罗里达组

佛罗里达组的原生种和改良种。四季开花，具有个性的花朵深具魅力。

唐古组

唐古组、东方组铁线莲的原生种和改良种。黄色的铃铛形花朵十分特别。有很多芳香品种，不耐夏季的暑热，需要加强通风。

图书在版编目（CIP）数据

月季·圣诞玫瑰·铁线莲的种植秘籍 /（日）小山内
健，（日）野野口稔，（日）金子明人著；药草花园，罗
舒哲译. —武汉：湖北科学技术出版社，2018.5
ISBN 978-7-5706-0245-2

Ⅰ.①月… Ⅱ.①小… ②野… ③金… ④药… Ⅲ.①月
季–观赏园艺②玫瑰花–观赏园艺③攀缘植物–观赏园艺
Ⅳ.① S68

中国版本图书馆 CIP 数据核字 (2018) 第 077016 号

责任编辑　张丽婷
封面设计　胡博
出版发行　湖北科学技术出版社
地　　址　武汉市雄楚大街268号
　　　　　（湖北出版文化城 B 座13~14层）
邮　　编　430070
电　　话　027-87679468
网　　址　http//www.hbstp.com.cn
印　　刷　武汉市金港彩印有限公司
邮　　编　430023
开　　本　889 X 1092　1/16
印　　张　9
版　　次　2018年5月第1版
　　　　　2018年5月第1次印刷
字　　数　150千字
定　　价　55.00 元

（木书如有印装问题，可找本社市场部更换）